U0304940

TURING
图灵教育

站在巨人的肩上
Standing on the Shoulders of Giants

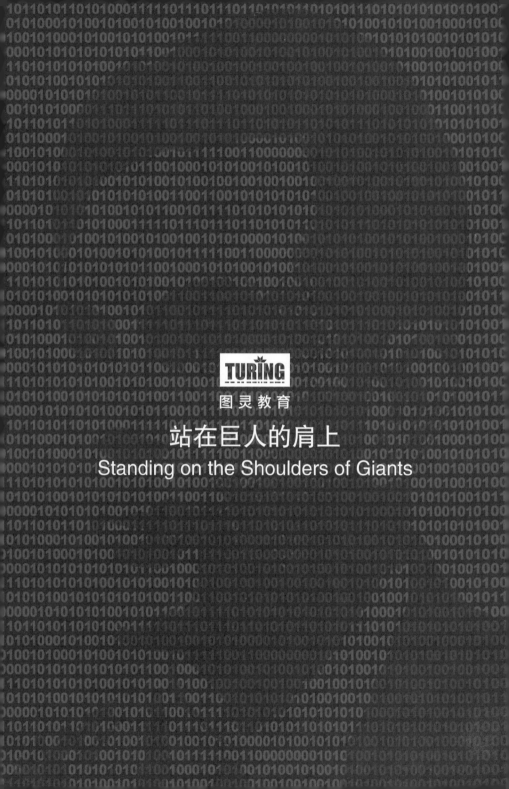

TURING

图灵教育

站在巨人的肩上

Standing on the Shoulders of Giants

Make:

摩登创客

与智能手机和平板电脑共舞

[德] 克劳斯·登博夫斯基◎著

张 影◎译　　张 路◎审校

人 民 邮 电 出 版 社

北　京

图书在版编目（CIP）数据

摩登创客：与智能手机和平板电脑共舞 /（德）克劳斯·登博夫斯基著；张影译. -- 北京：人民邮电出版社，2020.4
ISBN 978-7-115-53463-7

Ⅰ．①摩… Ⅱ．①克… ②张… Ⅲ．①程序设计 Ⅳ．①TP311.1

中国版本图书馆CIP数据核字（2020）第043355号

内 容 提 要

本书主要讲述如何为智能手机和平板电脑设备配置各种接口，从而打造属于自己的应用程序，既涉及相关电子元器件和测量技术等理论知识，也涵盖从完整的信号处理到传感器再到物联网等实际应用内容。在作者的逐步引导下，读者可以轻松掌握相关知识与技巧，将手头闲置的移动设备利用起来，充分享受创客的乐趣。

◆ 著　　　[德] 克劳斯·登博夫斯基
　　译　　　张影
　　审　校　张路
　　责任编辑　傅志红
　　责任印制　周昇亮

◆ 人民邮电出版社出版发行　　北京市丰台区成寿寺路11号
　　邮编 100164　　电子邮件 315@ptpress.com.cn
　　网址 http://www.ptpress.com.cn
　　临西县阅读时光印刷有限公司印刷

◆ 开本：880×1230　1/32
　　印张：8.5
　　字数：265千字　　　　　　　2020年4月第1版
　　印数：1-3 000册　　　　　　2020年4月河北第1次印刷
　　著作权合同登记号　图字：01-2018-2901号

定价：69.00元
读者服务热线：(010)51095183转600　印装质量热线：(010)81055316
反盗版热线：(010)81055315
广告经营许可证：京东工商广登字 20170147 号

前　言

　　智能手机与平板电脑是高度集成的微型电脑，它们虽然先于 Arduino 或树莓派（Raspberry Pi）这类典型的开源硬件平台问世，但是从性能上明显更胜一筹。对智能手机和平板电脑而言，移动电源（电池）和移动通信是标配。此外，它们还有高分辨率的触摸屏以及无线局域网、蓝牙等无线通信接口，而这些并不是开源硬件平台的标配。

　　因此，智能手机与平板电脑是构建应用程序的绝佳平台。然而，它们在这方面的应用大多局限于纯软件应用编程，因为智能手机与平板电脑缺少相应的硬件接口部件，比如可自由编程的 I/O 线，而这是开源硬件平台的标配。

　　本书介绍了如何为移动设备配置各种接口部件并创建自己的硬件应用程序。此外，你还会学习电子元器件和测量技术等基础知识，掌握让放大器和传感器电路输出正确可靠的数据的技巧。

　　从实践角度看，这本书覆盖了从信号处理到传感器再到物联网的方方面面，其中，无线技术扮演着重要的角色。当然，各种应用程序也是必不可少的，因为它们既能实现与硬件的通信，又能作为搭建电路的平台。

　　废旧的手机和平板电脑常常被闲置，因为它们已经无法满足市场需求。创新周期日益缩短使得电子设备更新换代越来越快，但你可以通过更换系统固件（参见 2.6 节）的方法来延长电子设备的生命周期，并赋予其一些新的功能。

当然，并不是每个人都喜欢拆开手机，对设备进行深入的研究。虽然一台老式的手机不再具有什么使用价值，但是这也恰恰给新手搭建具有远程设备控制功能的无线通信开关提供了一个绝佳平台。

这本书中介绍的系统构建方法并不是唯一的，将自己搭建的电路连接到一台智能手机的方法有很多，简单一些的通过光敏电阻，复杂一些的通过 USB 接口进行连接。对书中介绍的应用及其用途而言，这些连接方法本身并不存在什么风险，我更希望你们能够自己动手去构建系统，研究出一些全新的功能。祝大家阅读愉快！

目　录

1

2

3

4

1

设备的功能与构造

从构造上看，我们可以把现在的智能手机想象成一台微型平板电脑，因为平板电脑和智能手机一样，都装有移动无线通信组件。当然，在这里还有一个难点，即智能手机所采用的移动通信技术必须能够向下兼容[①]，因为最新一代的移动通信标准如果无法与旧版的移动通信标准兼容，后果将难以想象。而平板电脑中往往内置特定的射频模块，这也不失为一个不错的选择。

---

① 向下兼容，又称向后兼容，是指在一个程序或者类库更新到较新的版本后，用旧的版本程序创建的文档或系统仍能正常操作或使用，或在旧版本类库的基础上开发的程序仍能正常运行。

1.1　智能手机

　　我们说到手机时，一般指的是智能手机（Smartphone），它既通过通用移动通信系统（UMTS、LTE）接入互联网，又具有显示屏、USB接口、WLAN、蓝牙等一系列复杂的模块电路系统。此外，手机的常用表述还有 Mobile Phone 或者 Cell Phone。

　　一般而言，智能手机不同于非智能手机或更老式的移动电话，它独树一帜，主推视觉呈现、交互设计和数据交换等互联网相关服务。智能手机的移动通信功能不仅用于语音通信，而且越来越广泛地运用在大到企业、小到个人的数据通信中。

　　智能手机的选择在一定程度上也是操作系统的选择，苹果公司的iPhone 手机采用的是 iOS 系统，而采用安卓系统的智能手机层出不穷，市场份额占了近 80%。

　　像三星（如图 1-1 所示）、LG、HTC 或索尼都竞相推出了不同价位、不同性能的智能手机。如果你仔细研究一下现在流行的智能手机的性能参数就会发现，除去决定价位高低的手机型号、质量和触摸屏大小这些主要参数，智能手机在技术上的差异有时甚至可以忽略不计。

图 1-1　三星电子是智能手机的行业巨头，左侧为三星 Galaxy S6，右侧为苹果
公司的 iPhone 6

而智能手机本身的设计及其新增特性，如人体检测（脉搏测量）传感器、近场通信以及手势控制功能，已然成为影响大众购买力更为关键的因素。

1.1.1 产品特点

随着智能手机开发周期不断缩短，智能手机的性价比变得越来越高，高端手机很快就沦落为中端甚至入门机型了。此外，手机生产商必须持续不断地创新，比如给智能手机配置自拍功能强大的摄像头或配备专业的音频和视频功能等，才能吸引消费者购买新手机。然而，从根本上说，手机自带软件的变革不大，以下是智能手机的一些典型特征。

- 3.7 英寸 ~ 6.4 英寸[①] 的触摸屏。
- 由于显示屏和设备参数不同，图形分辨率为 854 像素 × 480 像素 ~ 1920 像素 × 1080 像素。
- 微处理器大多为 2 ~ 18 核，主频可达 2.5 GHz，微处理器与图形处理器以及其他元器件一同构成了系统芯片。
- 内存为 1 GB ~ 6 GB。
- 存储容量为 32 GB ~ 128 GB。
- 微型 SD 卡：用于扩展内存或用作可移动磁盘。
- 操作系统：安卓、iOS 或 Windows Phone。
- 摄像头：一般有一到两个，位于手机的前后盖上，照相和摄影功能所支持的分辨率为 200 万像素 ~ 2000 万像素。
- 集成传感器：大多用于感应指压、运动、加速度、亮度和温度。
- USB 接口：通常为 2.0 或 3.0 版本的微型 USB 接口。
- WLAN：根据 IEEE 802.11 a/b/g/n 标准执行不同任务，频段为 2.4 GHz 或 5 GHz。
- 蓝牙：现在大多采用的是蓝牙 5.0。
- 移动通信技术：以长期演进技术（LTE）为主，考虑兼容性问题，也会将 GPRS/Edge 和 UMTS/HSDPA 等技术集成进来。

---

① 1 英寸 = 0.0254 米。——编者注

- **GPS**：基于卫星导航的全球定位系统的集成接收器。用手机地图时需要连接移动通信网络，不像汽车导航系统那样可以独立工作（在线导航替代离线导航）。
- **NFC**：越来越多的智能手机开始采用近距离无线通信技术，用户可以使用手机在短距离（几厘米）内完成数据交换验证或基于磁场感应完成手机支付。
- 锂电池电池容量为 1400 mAh ~ 4200 mAh。
- 重量为 120 g ~ 200 g。

由于空间有限，智能手机的电池大多比平板电脑的电池小，因此电池容量较小，使用时间也更短。

1.1.2　内部构造

智能手机由许多部件（如图 1-2 所示）组成，其整个电路系统都在同一块电路板上，因此模块（如移动无线通信组件、蓝牙系统）一般无法单独更换。与普通手机相比，智能手机电路系统的复杂性和功能的多样性是以牺牲待机时间为代价的。在正常使用状态下，普通手机能维持几周不用充电，而智能手机几乎每天都要充电。

图 1-2　一台智能手机的部件

絕大多数的智能手机都有一个内置系统芯片，它是整个电路系统的核心，它的中央处理器（CPU）是 ARM 公司研发的。ARM 架构包含各式各样的微处理器、微控制器和系统芯片，它们来自不同的公司，如爱特梅尔公司、英特尔公司、德州仪器公司（其开放式多媒体应用平台 OMAP 如图 1-3 所示）、恩智浦半导体公司和东芝公司。

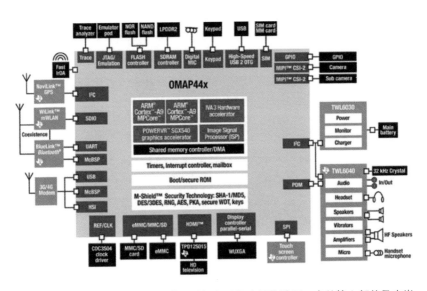

图 1-3　一台采用德州仪器公司芯片的智能手机内部构造图，它的核心部件是内嵌 ARM-A9 双核的 OMAP 系统芯片

1.1.3　手机 SIM 卡

每部移动手机都需要一张 SIM 卡，用于识别移动网络中的用户。它由移动通信网络运营商及与其签约的各种公司提供，因此会存在各式各样的收费条目和付款流程。

手机 SIM 卡是内嵌中央处理器和存储器的芯片卡，其中保存着用户的电话号码以及可更改的保护密码（PIN 码）。此外，每个用户的国际移动用户识别码（IMSI）都是独一无二的，这是为了在移动通信网络上对用户进行认证。它与电话号码没有什么关系。如果你输错用户识别码三次，手机 SIM 卡很可能被锁住（由提供手机 SIM 卡的运营商决定）。只有输入个人解锁码（PUK）才能解锁。

用户在搜索和登录网络时，国际移动用户识别码（IMSI）在未加密的状态下被传输到网络上，这使通话监听、数据传输以及确定用户从归属地成为可能。不要混淆国际移动用户识别码（IMSI）与国际移动设备识别码（IMEI），国际移动设备识别码不是手机 SIM 卡的识别码，而是对各个移动通信设备的明确认证。对于安卓设备来说，你可以在设置菜单下的电话－认证选项中找到这些信息。

根据不同的运营商，手机 SIM 卡中存储了不同的加密和信令数据以及与网络和服务商相关的数据，它更准确地定义了卡的性质、被允许访问的网络及业务。电话簿、备忘录、短信息和来去电话号码等数据也存储在手机 SIM 卡上。如果你把手机 SIM 卡插到另一台移动通信设备上，那么仍然可以进行身份认证，读取卡中最重要的信息。

SIM 卡有 8 个接口（如图 1-4 所示），表 1-1 中给出的是通用的标准接口定义，其中包含预留信号接口（用 Nc 表示）。

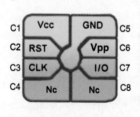
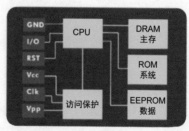

图 1-4　SIM 芯片的构成

表 1-1 SIM 卡的信号

触点	信号	功　　能	触点	信号	功　　能
C1	Vcc	电源	C5	GND	接地
C2	RST	SIM 卡中央处理器的复位	C6	Vpp	编程电压
C3	CLK	时钟信号	C7	I/O	数据
C4	Nc	无连接	C8	Nc	无连接

　　通过 SIM 卡上的触点数量，你很容易就能知道 SIM 卡是支持常用的六引脚设备还是支持八引脚设备。从机械构造上看，设备中 SIM 卡的型号各不相同，在设备中的固定方式也不一样。

　　在一些设备（如笔记本电脑，平板电脑等）中，你需要把 SIM 卡推进抽屉式的卡槽（如图 1-5 所示），SD 存储卡也常常采用这样的卡槽。在手机中，卡大多只是被放置在一个开放的抽屉式卡槽里并做了一定的加固处理，而置于卡上方的电池也在一定程度上固定了卡的位置。当然，最好的固定方式是将卡插入卡槽，然后再往下压，使其与金属卡槽完美地贴合在一起。有时人们会忽略这一点，没有将卡放进框里就直接压入卡槽，导致卡与卡槽接触不当，无法适配。此外，不同设备所使用的 SIM 卡的尺寸也存在差异。你可以选择与设备相匹配的 SIM 卡，也可以自行裁剪（如图 1-6 所示）。

图 1-5　在图中的智能手机里，SIM 卡先被插入卡槽，然后再压紧锁定

图 1-6 你可以将 SIM 卡剪成 Mini 卡或 Micro 卡

SIM 卡的触点上绝不能有静电电荷。但是长期使用后，特别是在经常更换 SIM 卡的情况下，SIM 卡很容易被氧化并受到污染，因此我建议你使用专门的喷雾剂和小棉签对卡进行清洁。一般而言，只有在电源处于关闭的状态下才能插拔 SIM 卡。

SIM 卡所需的电源电压一般为 5 V、3 V 或 1.8 V，虽然电源电压的大小在 SIM 卡上有明确的标识，但是实际上并不是这么回事。长期以来，市面上的 SIM 卡的工作电压只有 1.8 V。一般而言，这种 SIM 卡在老式手机里也能承受 1.8 V 以上的电压。而电压为 5 V 或 3 V 的 SIM 卡放在新式的智能手机中却无法正常使用。

如果 SIM 卡所承受的电压不当，就会造成极大的电流消耗，电池很容易就会没电，手机就会出现报错以及死机的情况。你可以通过 SIM 卡的读卡器和相应的软件直接读取卡上的数据。

1.2　平板电脑

对于像网页搜索、收发邮件、登录网站、在社交网络上聊天，以及用自带相机把拍摄的照片做成相册等这样日常的互联网应用而言，使用平板电脑再合适不过了。其中，触摸屏起着至关重要的作用，因为你需要通过它来操作和使用应用程序。对于需要使用键盘和鼠标这些传统输入设备的程序来说，比如 Office 办公软件、画图软件，平板电脑就没有那么好用了，尽管在大多数情况下，你也可以通过 USB 接口或蓝牙连接键盘或鼠标。

1.2.1　显示器

表 1-2 列出了一些比较受欢迎的平板电脑的显示器参数，其中绝大多数平板电脑的显示器尺寸是 10 英寸 ~ 11.6 英寸。与大型平板电脑相比，小型平板电脑的分辨率（水平方向 × 垂直方向）一般较低，其中像素密度或点密度起着重要的作用，这在图像的栅格呈现方式中是衡量不同分辨率的标准。

表 1-2　不同型号的平板电脑显示器参数

显示器大小	分辨率	密　　度	公司 / 型号
7 英寸	1920 × 1200	323 dpi	谷歌 Nexus 7 平板电脑
7.9 英寸	1024 × 768	162 dpi	苹果 iPad Mini 平板电脑
7.9 英寸	2048 × 1536	324 dpi	苹果 iPad Mini Retina 平板电脑
8 英寸	1280 × 800	189 dpi	东芝 Encore 平板电脑
8.4 英寸	2560 × 1600	359 dpi	三星 Galaxy Tab S 平板电脑
9.7 英寸	1024 × 768	132 dpi	苹果 iPad 平板电脑
9.7 英寸	2048 × 1536	264 dpi	苹果 iPad Retina 平板电脑
10.1 英寸	1920 × 1200	224 dpi	麦迪龙 Lifetab S 10334 平板电脑
10.1 英寸	1920 × 1200	224 dpi	索尼 Xperia Tablet Z 平板电脑
10.1 英寸	2560 × 1600	299 dpi	三星 Note 10.1 平板电脑
10.6 英寸	1920 × 1080	208 dpi	微软 Surface 2 平板电脑

（续）

显示器大小	分辨率	密　度	公司 / 型号
11.6 英寸	1366 × 768	135 dpi	惠普 Pavilion 11 平板电脑
11.6 英寸	1920 × 1080	190 dpi	宏碁 Aspire S7 平板电脑
11.6 英寸	2560 × 1440	253 dpi	戴尔 XPS 11 平板电脑
12 英寸	2160 × 1440	261 dpi	微软 Surface 3 平板电脑
12.2 英寸	2560 × 1600	247 dpi	三星 TabPro 12.2 平板电脑
12.5 英寸	2560 × 1440	235 dpi	华硕 Chi T300 平板电脑
13.3 英寸	1366 × 768	118 dpi	东芝 Satellite W30t 平板电脑
13.3 英寸	1920 × 1080	166 dpi	惠普 Spectre 13x2 平板电脑

以一台触摸屏为 7 英寸的平板电脑为例，当触摸屏的像素密度高于 250 dpi 时，单个像素点就很难被识别出来。触摸屏越大，像素密度越低，因为你在看触摸屏时距离会更远一些。通常我们用 dpi 来表示像素密度，以三星 Note 平板电脑 10.1 英寸的触摸屏为例，其像素密度的计算公式如下：

$$像素密度 = \frac{\sqrt{x^2 + y^2}}{触摸屏大小} = \frac{\sqrt{2560^2 + 1600^2}}{10.1} = 299\,dpi$$

1.2.2　产品特点

从根本上来说，平板电脑不是笔记本电脑的替代品，因为平板电脑需要依靠触摸屏手动操控，也需要安卓系统和 iOS 系统的支持。为此，微软开发了 Windows 8 系统，引入了著名的"磁贴"概念。与笔记本电脑和个人计算机相比，这种界面在平板电脑上看起来更吃力。

笔记本电脑与平板电脑的结合体就是可翻转式平板笔记本电脑（如图 1-7 所示），你可以说它是一款集成键盘的平板电脑，也可以说它是一款带触摸屏的笔记本电脑，还可以称它为二合一平板电脑或多模式笔记本电脑，其中比较有名的是微软开发的 Surface 系列或宏碁开发的

Switch 系列二合一平板电脑。

图 1-7　可翻转式平板笔记本电脑或宏碁公司开发的 Switch 系列——既是平板
电脑，又是笔记本电脑，两种电脑的操作原理对它都适用

　　当你把显示屏从笔记本电脑上取下来时，笔记本电脑的显示屏在一
定程度上就变成了一台平板电脑，它的功能性也随之发生了变化。老式
的可翻转式平板笔记本电脑运用了不同的折叠和插入机制，比如显示屏
翻过来就是键盘。现在市面上的平板笔记本电脑的显示屏和其机身之间
的电触头很难被发现，而且很容易分开或组合在一起。

　　Windows 8 以及后续的 Windows 操作系统特别适用于可翻转式平板
电脑，你既可以触摸界面上像瓷砖一样的图标来操控它，又可以通过鼠
标和键盘进行常规的桌面操作。接下来我们不会再对可翻转式平板笔记
本电脑进行介绍，而是介绍平板电脑所具有的最重要的特性。

- 7 英寸 ~ 13.3 英寸的触摸屏。
- 根据显示屏和设备的参数不同，图形分辨率为 1024 像素 × 768 像素 ~ 2560 像素 × 1600 像素。
- 型号为 ARM 或 Atom（英特尔）的 1 ~ 4 核的微处理器，主频为 2 GHz，微处理器与图形处理器一同构成了系统芯片。
- 内存为 1 GB ~ 4 GB。
- 存储容量为 16 GB ~ 128 GB。
- SD 卡：用于扩展内存或用作可移动磁盘。
- 摄像头：一般有一个，分辨率为 200 万像素 ~ 800 万像素。
- 麦克风：能接受低音质的声音信号，对 Skype 以及类似应用来说已足够了。
- 集成传感器：大多用于感应运动、加速度、亮度和温度。
- USB 接口：通常为 2.0/3.0 版本的标准或微型 USB 接口。
- WLAN：根据 IEEE 802.11 a/b/g/n 标准执行不同任务，频段为 2.4 GHz 或 5 GHz。
- 蓝牙：现在大多采用的是蓝牙 5.0。
- 移动通信技术：大多选择专一的通信模式，一般为长期演进技术（LTE），下载速率为 100 Mbit/s，上传速率为 50 Mbit/s。
- 控制显示屏或投影仪的图像输出大多可以通过 HDMI 接口实现，偶尔也可以通过计算机显示端口实现。
- 锂电池的电池容量一般为 20 Wh ~ 50 Wh，可以支持电脑运行 5 小时 ~10 小时，具体时间主要取决于处理器。
- 重量一般为 250 g ~ 600 g。

1.2.3　内部构造

如上所述，我们知道一台平板电脑有很多组件（如图 1-8 所示），这就需要平板电脑的结构必须紧凑平整。绝大多数的电子元器件都在主板上，如果其中一个电子元器件报错，通常需要更换整个电路板，当然，这也取决于不同的电脑型号和生产商。

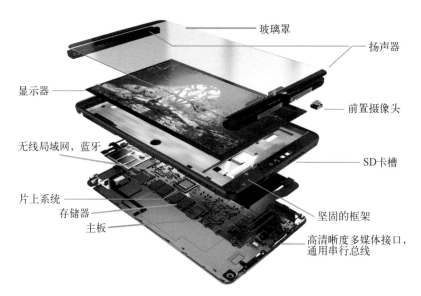

图 1-8　平板电脑最重要的组件

电池、麦克风和前置摄像头的位置是独立的，有的 SD 卡槽以及无线通信模块同样如此，它们都可以插拔，因此一般来说更加容易更换。

跟智能手机一样，平板电脑中也有一个特殊的微处理器（即片上系统，应用处理器）。除了自带的运算器外，它还由很多零件组成，同时也需要连接一些外围电路（如图 1-9 所示）。除了基于 ARM 处理器的微处理器外，来自英特尔的处理器（如 Atom）在平板电脑中也很常见，这类平板电脑大多采用 Windows 系统而非安卓系统，而智能手机主要使用安卓系统。

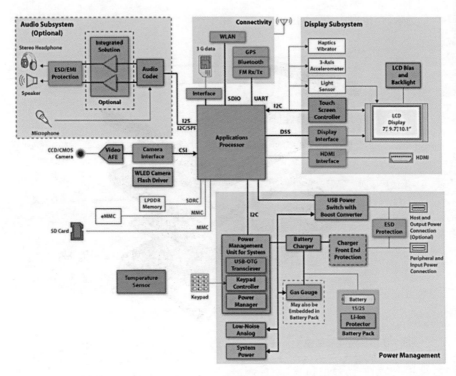

图 1-9 平板电脑的构成

1.3 电源

　　智能手机和平板电脑的正常运行离不开电池（如图 1-10 所示）。设备的配套电源是用来给电池充电的，充电电路集成在设备中，与设备的电池类型相匹配。电池及其配套电源种类繁多，采用锂离子和锂聚合物技术生产而成，它们代表了不同类型的电池的最大能量密度。

　　有的平板电脑只有一种适配电池，而且电池的机械性能在电子学和设计构造上也必须与设备相匹配。

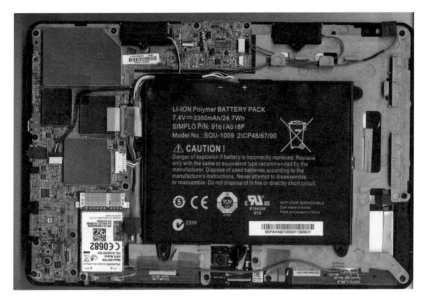

图 1-10　这台平板电脑的专用电池很平整，然而所占的空间较大

正如之前提到的，平板电脑和智能手机中的电源（如图 1-11 所示）不是它们的充电设备，因为充电电路集成在设备中。因此，更换有缺陷的电源比更换有缺陷的充电电池要容易得多，因为除了直流电插头以外，二者在机械构造上并没有什么特别之处，而在电路上有所差异。

电源所需的交流电电压一般为 220 V ~ 250 V，市面上的智能手机的电压通常为 5 V，智能手机也有一个 USB 接口，它可以接在笔记本电脑或者个人计算机上充电。平板电脑有好几种电源，其中比较常用的是电压为 5 V 和 12 V 的电源，有时也有电压为 9 V 的电源。

此外，智能手机和平板电脑的连接插头也各不相同，大多数智能手机都有一个微型 USB 插口。在连接 USB 接口时，你最好近距离观察一下 USB 插口，至少在第一次接线时这样做，因为如果你插错了方向或者使用不当，都会使插口受到损坏，进而导致设备受到严重损坏。由此产生的维修费用往往是不划算的。

图 1-11 典型的带微型 USB 接口的智能手机电源（左图）和带专用插口的平板电脑电源（右图）

　　因此，你最好在充电插头上做一个标记，这是为了避免你在插入插头时因为匆忙或光线不好出现失误。从机械构造上看，插口只能从一个方向插入设备，你在操作过程中有可能会损坏插口，而且将插口插入新设备的难度往往更大。

　　除了使用正确的电压外，确定最大功率、极性和选择合适的接头也至关重要。对平板电脑来说，充电线的设备接口有时还带有一个四引脚的接插件，用于导入其他信号（如 HDMI）或者扩展坞的信号，当然，这取决于设备本身和生产商的设计。

1.3.1　功率与电量

　　功率用 W（瓦特）来表示，智能手机和平板电脑的功率一般为 5 W ～ 30 W。你在购买替换电源时需要注意，替换电源的功率必须高于原装电源的功率。

功率的计算公式为 $P = U \cdot I$，例如，当电压为 5 V，电流为 1 A 时，功率即为 5 W。而充电电池的电能则用能量表示，计算公式为 $E = P \cdot T$，单位为 Wh。

电池容量常常用 mAh（毫安时）来表示。当电池容量为 3350 mAh，电压为 7.4 V 时，其储存电能为 24.79 Wh（3.35 Ah · 7.4 V）。一般而言，电池的电压要低于电源的输出电压。所以，你在购买替代电池时需要仔细留意电池的参数。

1.3.2　移动电源

移动电源（如图 1-12 所示）、充电电池组或 USB 电池组是为了随时随地给智能手机充电而设计的。一般而言，它们也能为其他移动设备进行充电，只要移动电源的输出电压（大多为 5 V）与设备及其电流消耗相匹配即可。

图 1-12　移动电源可以随时给设备的电池充电

移动电源一般通过 USB 接口、自带的电源或集成的太阳能电池来充电。在日常应用中，太阳能电池很少能给移动电源充满电，因此，这只是移动电源的一种可选的充电方式，而非唯一的充电途径。

在市面上，你可以买到各种容量的移动电源，但是并不是所有的移动电源都有明确的容量标识，一般只标有移动电源输出端（电压为 5 V）的可用能量或者集成电池在 3.7 V 工作电压下的容量。此外，移动电源的实际容量一般低于它的额定容量。

常见的移动电源容量为 1500 mAh ~ 12 600 mAh，如果设备的电流消耗为 300 mA，那么移动电源理论上可以供这台设备正常运行 5 小时 ~ 42 小时。

实际上，这个理想值是达不到的，因为电池中还会留存一些电量，这部分电量是包含在移动电源的额定电量之内的，但是这部分电量是不可用的。在接通设备时，质量较差的移动电源的输出电压过大，只能在短时间内或者根本无法为设备充电。因此，移动电源的实际输出电流和实际可用容量非常重要，至少高价位的移动电源必须对这些参数进行明确标识。

对太阳能移动电源来说，用户可以边使用边充电，具体运行情况的好坏取决于移动电源型号及其电源管理集成电路的质量。在移动电源的使用过程中，用户可能会遇到以下情况：虽然移动电源接收的太阳能可以给电池充电，但用户同时也在使用它，所以电池从未被充满，用户根本无法获得足够的电量。优质的太阳能移动电源应该同时满足用户充电和供电的需求。

1.4　接口

利用接口触点，可以创建与扩展电路、其他设备或外围设备的连接。最常用的接口是 USB 接口，它有各式各样的类型和性能等级。

1.4.1　USB：通用串行总线

通用串行总线是个人计算机、笔记本电脑、平板电脑和智能手机的通用接口。从功能上看，USB 接口取代了很多传统的个人计算机接口（串口、并口、游戏端口和 PS/2），对于平板电脑和智能手机来说，它是连接其他电脑或像键盘、记忆棒这种外围设备的唯一接口。从根本上来说，USB 接口在主机和一到多个设备或节点之间建立了连接，能与各式各样的设备适配，它本身无法启动数据传输，需要连接 USB 系统的主机。

当下有各式各样向下兼容的 USB 版本。除了第一代 USB 标准接口（1.1 版本）外，自 2001 年起，USB 2.0 出现，2008 年又出现了 USB 3.0，到了 2015 年，USB 版本更新到了超高速 + 的 USB 3.1，还出现了 C 型 USB 接口。除了 USB 的数据传输速率从 USB 2.0 变成超高速 + 的 USB 3.1 Gen2 外，C 型 USB 接口还有一些新增功能。现在 USB 的数据传输速率可以分为以下等级，它们的传输速率分别为：

- 低速：速率最快可达 1.5 Mbit/s（USB 1.1）。
- 中速 / 全速：速率最快可达 12 Mbit/s（USB 1.1）。
- 高速：速率最快可达 480 Mbit/s（USB 2.0）。
- 超高速：速率最快可达 5 Gbit/s（USB 3.0）。
- 超高速 +：速率最快可达 10 Gbit/s（USB 3.1）。

像键盘和鼠标这样典型的输入设备都属于低速设备。当数据传输速率达到 12 Mbit/s 时，USB 的数据传输速率为中速或全速，这是第一代 USB 接口可达到的最高数据传输速率，如果其余所有模块（如网络摄像头、扫描仪和调制解调器等）都需要中速或全速的数据传输速率，USB 必须达到更高的数据传输速率。

USB 3.0 是基于上述标准运作的，它与 2.0 版本遵循的原理（传输模式、管道和端点）相同。它的主要革新在于（理论上）将最大数据传输速率提高 10 倍，达到了 5 Gbit/s，这主要是通过增加可分离的收发线实现的，因此 USB 3.0 设备相应增加了一个支持 3.0 版本的 USB 接口（如图 1-13 所示），并用蓝色加以区分。

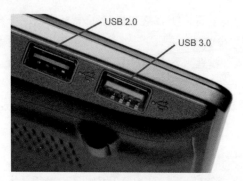

图 1-13 这台笔记本电脑有一个 2.0 版本和一个 3.0 版本的 USB 接口，3.0 版本的 USB 接口一般是蓝色的

常见的 USB 接口有 4 种（如图 1-14 所示），其中传统的 USB 接口（USB 1.1，USB 2.0）使用带 2 个不同的插座和端口的 4 引脚连接方式。A 型接口的横截面是长方形的，B 型接口的横截面是正方形的。A 型接口连接主机，比如个人计算机；B 型接口是专门用来连接设备的，如记忆棒。

	USB 2.0		USB 3.0	
A型接口	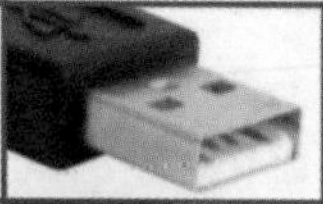			
B型接口				
迷你B型接口			—	—
微型B型接口	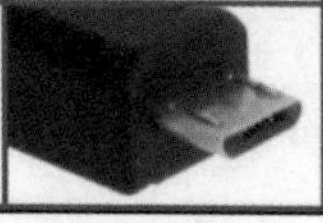			

图 1-14 常见的 USB 接口

此外，还有两种不同规格的小型 USB 接口类型（迷你和微型 B 型接口），它在数码相机或智能手机上比较常见，看起来就是一个小插口。这在一定程度上就相当于一个缩小版的 B 型 USB 接口，而适配接线的另一面就是一个常见的 A 型接口。低速设备上的电线大多是固定的，所以这类设备没有 B 型接口。

因为还能接收其他的信号，所以 USB 3.0 需要增加对应的接线。乍一看，新式 A 型插头与之前版本相比没什么区别，但是它带有其他线，一般位于插口的第二排。因为 USB 3.0 电缆的另一端有一个 B 型接头，所以你只有将新触点排在旧触点上方才能改变原始插件的尺寸。这样一来，USB 2.0 版本的插头也能插进 USB 3.0 版本的接口中了。从根本上来说，旧插头可以插进新插口，但是反过来却不行，如果想要获得更高的数据传输速率，必须使用 USB 3.0 版本的接线（设备接口加接线）。

USB 3.1 版本定义了一个全新的接口（如图 1-15 所示，C 型接口），它能接收各式各样的信号，支持超高速＋的数据传输（10 Gbit/s），允许通过的最大电流为 5 A。

图 1-15　除了传统 USB 接口，这台宏碁笔记本电脑上还有一个 C 型 USB 接口

C 型 USB 接口是对称的，这样插头就可以从两个方向插入对应的接口中，非常实用。但迄今为止这还无法实现，各类接头连接起来还比较麻烦，而且独立的 USB 3.0 接口实际上是不存在的。我们应该对 USB 的 C 型接口进行优化，通过新增和替换运行模式（可选模式）来扩展接

口的功能范围，比如为视频和显示屏提供移动终端高清影音标准接口、显示端口和 Thunderbolt 3 接口，或者为外围设备和音频设备提供总线接口。

使用哪些附加项取决于生产商，因为 C 型 USB 接口所要求的 USB 传输类型是 USB 2.0～USB 3.1，且需要经过认证（C 型认证）。

通信双方可以通过专门的信号（配置信道 CC1，CC2）创建可能的连接方式和功能，选择适合的电源（充电协议）。你不一定要选择 5 V 的电压，选择 0 V～20 V（以 50 mV 为单位）电压和 0 A～5 A（以 10 mA 为单位）电流即可，当然电路要求的电压仅为 5 V，电流为 900 mA。

目前的功率输出技术能使设备达到的最高功率为 100 W（20 V·5 A），从理论上说，这足以维持其他设备的正常运转，并为移动电源和智能手机充电。你可以通过 USB C 型认证来进行设备身份识别，但设备连接和充电功能仅支持生产商自己生产的设备。

例如，你可以在以下几款设备上找到 C 型 USB 接口：宏碁 Aspire Switch 10 V 笔记本电脑、苹果 MacBook 12 笔记本电脑、微软 Lumia 950 智能手机或华为 Nexus 6P 智能手机。可惜的是，厂家说明上并没有明确指出各类设备明确的功率范围。

1.4.2 SD 存储卡

大多数平板电脑和智能手机中都有一个 SD 存储卡（闪存）或与之相似的微型 SD 卡（如图 1-16 所示）。一般而言，SD 卡有三种不同的标准，这是根据它们的最大存储容量来分类的。

图 1-16 一张普通的 SD 卡（左图）和一张带 SD 适配器的微型 SD 卡

三种类型的卡尺寸相同，都是 32 mm×24 mm×2.1 mm。

- SD 卡（SD 1.0）：容量为 8 MB～2 GB。
- SDHC 卡（SD 2.0）：大容量，容量为 4 GB～32 GB。
- SDXC 卡（SD 3.0）：超大容量，容量为 64 GB～2 TB。

SD 卡的侧面有一个小滑块（锁），这是写保护的开关。当小滑块指向卡触点方向时，代表写保护状态关闭。一般而言，你可以通过卡槽内的一个辅助开关来确定滑块的位置，软件也会给出相应的提示。

除了传统的 SD 卡类型以外，还有迷你 SD 卡（20 mm×21.5 mm×1.4 mm）和微型 SD 卡（11 mm×15 mm×1.0 mm），你可以买到这两种卡对应的适配器，这样它们也可以放进常规的 SD 卡槽里。SDHX 卡和 SDXC 卡在设备中不起任何作用，它们只是为 SD 卡服务的。此外，SD 卡的最大可用容量取决于应用设备，它在不同设备中的读写速度也各不相同。

卡控制器本来是位于各个 SD 卡上的，如图 1-17 所示，它的技术结构非常简单。其电源电压为 3.3 V，有两根接地线（Vss1，Vss2）以及金属线槽的地线（MTG1，MTG2）。

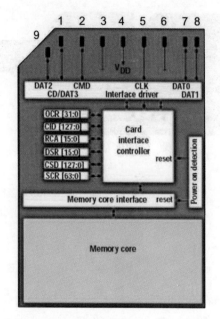

图 1-17 SD 存储卡的触点分配与内部构造

数据通过信号 DAT0、DAT1、DAT2 和 DAT3 进行传输，其中 DAT3 信号也可以用来检测卡。数据传输是由 BCM2835 处理器通过时钟信号控制实现的，它借助 CMD 信号来决定数据的传输方向。

SDHC 卡根据不同的规格可划分为不同的速度等级，速度等级还能定义 MPEG 数据流记录的最小传输率，即数据的最小写入速率，这对摄像机和数码相机来说至关重要。与 SDXC 卡类似，SDHC 卡上一般也有速度等级的标识，或者直接表示为写入速率。

- 第 2 级：最小写入速率 2 MB/s。
- 第 4 级：最小写入速率 4 MB/s。
- 第 6 级：最小写入速率 6 MB/s。
- 第 10 级：最小写入速率 10 MB/s。

1.4.3 音频插孔

智能手机和平板电脑上一般都有一个耳机插孔，它由一个麦克风和两个耳机听筒组成，其中接线还能充当地面超短波接收器的天线。作为插头，音频插孔上有一些触点，它们可以引导不同的信号，既可以传输音频信号，又可以传输视频信号（可参见下节），当然这取决于设备的类型。

耳机插口至少有 3 个触点，大多数情况下有 4 个触点，其中有一个始终是接地的。在插入耳机插头时，手机内置的麦克风和扬声器处于关闭状态，不同手机遵循的原理也不相同（如图 1-18 所示），对此我们会在 7.3 节做进一步探讨。

图 1-18 图中是索尼公司的耳机，它无法用在其他手机生产商生产的智能手机上

在一定程度上，这个音频插口相当于手机的一个模拟接口，从功能上讲，它完全能够被 C 型 USB 接口（如图 1-15 所示）替代，这个接口也可以用作音频和视频接口来连接外接设备。

如图 1-19 所示，耳机插头实际上有两种不同的 4 引脚分配方法，即开放移动终端平台组织（OMTP）和美国无线通信和互联网协会（CTIA）关于引脚分配的国际标准，你可以从中任意选择一种。苹果公司的设备采用的是 CTIA 的引脚分配方法，而其他智能手机和平板电脑品牌两种分配方法都有。

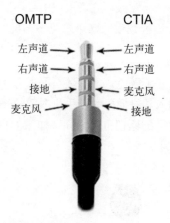

图 1-19　两种常用的插头引脚分配方法

几十年来，常见的 3 引脚立体声插头一直应用于音频领域，它没有麦克风触点，因此这个接触环与其相邻的地线接触环形成一个面。在将 3 引脚插头插入 4 引脚插口时，只有麦克风输入信号所在线路是短路的，因为它与地线相接。

不止是麦克风信号，视频信号或专门的开关信号（用于认证）也能通过这一触点输入，你也可以称它为辅助触点。

因此，尽管这两个音频输出信号（立体声：左右声道）总是位于同一个触点上，但一些看起来适配的耳机和其他音频设备也无法用在某些型号的智能手机或平板电脑上，你只能使用生产商生产或推荐的耳机和音频设备。

1.4.4 视频高清多媒体接口

为了让照片和视频在电视屏幕上高质量地呈现，智能手机或平板电脑的视频输出信号必须符合 HDMI（高清多媒体接口）标准。为此，生产商实施了各式各样的视频解决方案。在理想情况下，设备上有一个 HDMI 插口，它大多是微型 D 型接口，能够引导所有将视频音频传输到电视机或投影仪的信号。与智能手机相比，这个接口在平板电脑上更为常见。

在相反方向上，即当外部信号通过 HDMI 接口进入设备时，这种运行方式对平板电脑、智能手机、笔记本电脑或个人计算机来说都行不通。

HDMI 作为连接方式时至少需要 4 个信号线，因此信号线不能与音频使用的插座（如图 1-20 所示）相连。插座的音频信号不是 HDMI，而是我们常说的复合视频信号（不要把它与分量视频信号混淆），在外接设备上大多有一个黄色的输入插口，这就是用来连接复合视频信号的。质量和分辨率（PAL）对于现有的播放系统来说是不够的。

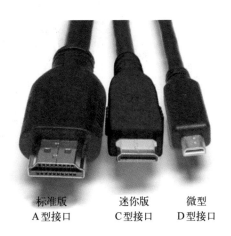

标准版　　　　迷你版　　　　微型
A 型接口　　　C 型接口　　　D 型接口

图 1-20　常见的 HDMI 接口，这些接口都有各自的适配器解决方案

我们在 1.4.1 节说过，C 型 USB 接口也可以按照移动高清连接标准（MHL）传输视频信号。移动高清连接技术以前就已经在微型 USB 接口上实现了，这一功能首先被用在三星推出的 Galaxy S2 型号的智能手机上，其他手机生产商紧随其后。设备连接需要专门的三星转接线（高清多媒体接口）。根据微型 USB 接口或迷你 USB 接口新增的视频输入功能的原理，设备的移动高清连接接口或生产商自配的接口也需要通过专门的转接线来连接，所以市面上出现了各式各样的转接线，有些只能在一种设备上使用。

平板电脑上常常会有一个多功能插口（如图 1-21 所示），它可以连接很多触点，这是为连接电源、HDMI、USB 转接线或扩展坞而专门设计的。

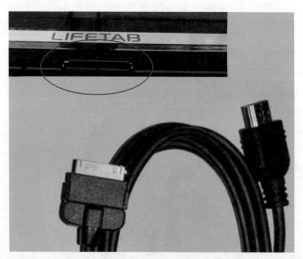

图 1-21 平板电脑上有一个专门的多功能接口，你可以使用设备专用的 HDMI
       转接线与它相连

智能手机和平板电脑的视频信号输出方法截然不同。此外，设备本身特点决定了哪些内容能够通过视频传输出去，比如是将屏幕上的内容原封不动地传输出去，还是只支持特定格式的视频传输。

有时，设备说明书上关于各个视频信号输出方法的介绍并不一目了然，因此，你必须仔细阅读说明书，甚至还要咨询一下生产商。

原则上，与采用无线（如 WLAN、蓝牙，也可参见 8.3 节）连接的新式设备相比，你在老式设备上更容易找到专门的接口（附带适配器解决方案）。目前，有线视频只能通过 C 型 USB 接口连接，它的发展潜力还很大。

2 应用软件

　　一方面，操作系统为用户创建了可编程通信接口，用户可以以此为基础搭建与系统相匹配的程序；另一方面，操作系统创建了用于硬件通信的软件程序。数十年来，在个人计算机和笔记本电脑的操作系统领域，微软凭借 Windows 操作系统成为无可匹敌的行业领袖。平板电脑和智能手机普及后，不仅取代了传统计算机的部分功能，而且也创建了一些全新的应用（如 App、社交网络等），谷歌推出的安卓系统和苹果公司推出的 iOS 系统最为普及，两者都以与其版本相匹配的 Linux 操作系统为基础。

2.1　安卓操作系统

2003 年，安卓公司成立，公司创始人在移动设备，尤其是智能手机的操作系统开发（DangerOS）方面经验丰富。在开发和寻找新系统（安卓）投资商的讨程中，安卓公司与谷歌公司进行了接洽，后者于 2005 年收购了前者，将它打造成一个由操作系统、用户界面和应用程序组成的多元化移动设备平台。

后来，安卓公司又与开放手机联盟（OHA）合作，进一步开发新系统。这个联盟由 80 多个软件公司、移动通信生产商和半导体生产商（如德国电信、宏达电子和高通等）组成。第一个安卓操作系统于 2008 年正式发布，几乎在同一时间，面向开发人员的安卓软件开发包（SDK）和开源平台正式发布，销售 App 的安卓市场正式上线。

从那以后，不断有新版本的安卓系统涌现出来，表 2-1 展示了主要的几种安卓版本，这些版本代号众所周知，可应用于 24 000 多种不同类型的设备。用户可以根据智能手机或平板电脑的年限和型号安装相应版本的安卓系统，其中可能也包括生产商指定的适配版本，与设备自身的芯片组一样，这也决定了系统更新的可能性。如果生产商不愿再开发与某类设备相匹配的新版安卓系统，而宁愿出售新设备，那么你还可以使用自定义 ROM 为旧机型赋予新功能，详情参见 2.6 节。

表 2-1　各个版本的安卓系统一览

2008	2009	2010	2011
V 1.0	V 1.1	V 2.2：冻酸奶	V 3.0：蜂巢
	V 1.5：纸杯蛋糕	V 2.3.7：姜饼	V 4.03：冰激凌三明治
	V 1.6：甜甜圈		
	V 2.0：闪电泡芙		
2012	**2013**	**2014**	**2015**
V 4.1.x	V 4.3：果冻豆	V 4.4.3：奇巧巧克力	V 5.1：棒棒糖
V 4.2.x	V 4.4.x：奇巧巧克力	V 4.4.W：穿戴	V 6.0：棉花糖
V 4.2.1：果冻豆		V 5.0.x：棒棒糖	

2.1.1　不同版本的安卓系统

　　自姜饼（Gingerbread，V 2.3.x）版安卓系统发布后，安卓系统又迎来了很多次更新和版本升级，其中一些重要的更新仅仅以次要版本号表示，比如 USB 主机模式从蜂巢（Honeycomb）3.1 版（2011 年 10 月）安卓系统发布后就成为了安卓系统的常规模式，而低能耗蓝牙（智能蓝牙）是从果冻豆（Jelly Bean）4.3 版（2013 年 7 月）开始应用于安卓系统的。自 2014 年穿戴（Wear）版安卓系统发布后，出现了特殊版本的智能手表以及穿戴式设备。棒棒糖（Lollipop）版安卓系统首次开始支持 64 位操作系统。

2.1.2　架构与运行模式

　　安卓系统不仅可以在互联网状态下运行，也可以在移动通信网或无线局域网下运行。此外，你还可以从安卓市场直接下载和安装应用，将内容直接存储到设备上。

　　安卓系统以 Linux 2.6 内核为基础，它和苹果的 iOS 系统一样，都以 Linux 操作系统为基础，然而它又是一个独立的操作系统，与 Linux 系统的代码完全不一样。

　　与受到苹果公司保护的 iOS 系统不同，安卓系统始终是一个开源系统。它的内核完全采用 GPL 开源协议，而内核以外的组件采用 LGPL 或 Apache 等受限程度低一些的开源协议，它允许生产商调试和修改组件，无须公开相应的源代码。

　　Linux 内核为系统启动和硬件通信提供了基本软件，比如，它通过安卓特定的组件扩展了电源管理的设备驱动程序或功能，进一步降低了系统功耗。一些硬件驱动程序使用的是封闭源代码，也就是说，这个驱动程序是生产商指定的，比如摄像头、视频播放或全球移动通信系统，它们在内核以外运行。

内核上有各式各样的库，它提供了一些基础功能供用户和开发者选择。其中包含优化版 3D 图形库（OpenGL ES）、字体（及字符），还提供了对不同类型媒介内容的显示功能；SQLite 库起到数据库的作用；WebKit 库能够在网页浏览器上呈现 HTML 文件。此外，安全套接层协议（SSL）为安全通信提供了保障。

为了降低功耗并释放存储空间，从而提高运行速度，安卓内核采用了一种特别的、与 Glibc 部分兼容的 Bionic 库来替代标准 C 函数库（Glibc），它的内存占用量明显缩小了很多。

安卓系统的 App 和服务采用 Java 语言编写。然而，它并非典型的 Java 应用，因为安卓系统没有使用与 Java 兼容的底层库，也没有使用常见的 Java 虚拟机。App 是在 Dalvik 虚拟机（安卓运行环境）里运行的，虚拟机的资源占用率远低于 Java 虚拟机，这是小型移动电脑的一个重要衡量标准，甚至比版权问题还要重要。

Dalvik 虚拟机也支持 C/C++ 等其他编程语言，用户可以使用这些编程语言开发不同的数据库，然后再将数据库通过 Dalvik 虚拟机导入系统，它采用了与 Windows 系统的动态链接库相似的方法。虽然 App（后缀为 .apk）在句法上与 Java 编程语言相似，但是它只能让 Java 库作为源码直接导入到 App 中。2.8 节将会详细介绍如何在安卓系统中创建 App 和实现硬件通信。

每个安卓 App 都在自己的进程中运行，都拥有一个独立的 Dalvik 虚拟机。然而，这些 App 仍能调用其他 App 的部分功能。与其他操作系统一样，安卓系统中也有一个虚拟存储管理器，其中物理存储器以表的形式被记录在虚拟存储器地址上。App 始终在一个写保护的存储区（沙盒）中运行，它有自己的目录，其中包含了各个程序包的名称。安卓系统的一个特点在于它给每个安装的 App 都创建了一个独立的 Linux 用户名。

安卓系统借助应用框架层（如图 2-1 所示）来调用资源，其中包括一系列管理器功能和内容提供者组件。一般而言，应用框架以 App 为出发点，给开发者提供了标准化系统资源的抽象访问。App 能够使用或支配不同的内容提供者组件，例如，App 能通过内容提供者组件获取电话簿数据。

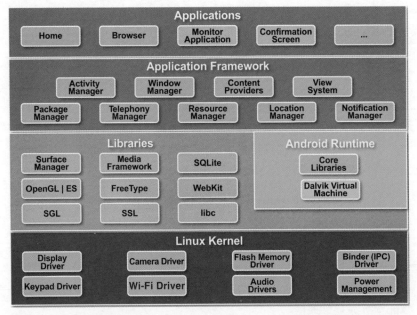

图 2-1　安卓操作系统的架构

安卓 App 通过 Java 编程语言转译成字节码再转成 Dalvik 代码，然后再和资源（文本、图片、界面）一起合成一个 APK 包，因此它能够被下载，也可以在程序包管理器中被编辑。每个 App 都通过 Manifest 文件来定义其中的元素，它能告知程序包管理器各自需要的安卓版本、App 的各个组成部分以及需要的权限和资源。

在安装 App 时，安卓系统会检验该程序是否附带有效的数字签名，以便对开发者进行认证（如图 2-2 所示）。如果 App 的安全性或证书不在认证机构签名认证，开发者需要对此自行承担责任。当 App 被批准生效后，安卓系统会检验程序相关的配置文件，公布 App 的访问权限。根据安卓系统的设置和 App 类型，系统可能会拒绝安装某一 App 或只有在用户手动确认的情况下才能安装该 App，这取决于该 App 需要获取哪些系统权限。用户很容易忽略 App 安装过程中出现的警告信息，这容易导致病毒入侵系统。

图 2-2　需要仔细筛查 App 是否需要额外的权限，因为病毒很有可能入侵系统

　　App 可以由各式各样的组件组成，其中 Activity 是最重要的，它与用户界面相连，由 App 的用户启动。你可以通过返回键或 Home 键让某一个 Activity 隐藏到后台，过一会儿再把它调出来。安卓能够自动释放或保留相关的存储区，以便在下一次调用时重新写入。其中多线程技术起着重要的作用，它能够保障软件构件之间过渡流畅，用户界面绝不被锁定。

一个 Activity 可能有好几个视图，它们由不同的文本框、图片和按键组成。当视图和整个 App 不再被需要或者存储空间不够时，视图和程序会被安卓系统推送到后台或者直接终止。在重新调用 Activity 时，Activity 会重新初始化或者它在存储器中的映像被重新调出。开放系统权限给 App 是为了实现它与系统和硬件的一体化。这项服务丰富了 Activity 的内容，使系统可以在后台执行特定的任务，而无须用户操作，比如用户在使用电子邮件应用程序时，系统会自动连网。

安卓系统在运行过程中会生成各式各样的系统消息（Intent），这些消息公布的是各个进程的最新状态。开发者可以通过广播接收器接收这些信息，然后根据具体情况做出相应操作。你也可以自己开发这种即时消息来控制 App。

安卓系统和 Linux 系统一样，可以同时运行不同的文件系统。用户数据的存储通常会用到特殊的 YAFFS 系统（Yet Another Flash File System），闪存（NAND）尤其需要这样的系统。此外，还有一种扩展文件系统（EXT2、EXT3、EXT4），这是 Linux 系统的标准文件系统。

安卓设备中一般有 5 ～ 6 个不同的文件系统（/proc/filesystems）作为物理存储器，其中大部分（支持的系统总数约为 15 ～ 20 个）是基于虚拟设备的文件系统，因此它们的属性为屏蔽字符属性（nodev）。

你可以使用 proc 文件系统修改与系统配置、内核和程序相关的信息，但只有拥有 Root 权限才可以执行这一操作，Windows 系统中常见的 FAT32 系统（Linux / 安卓系统里被称为 VFAT）可应用于 SD 卡和像嵌入式多媒体卡 eMMC（Embedded Multimedia Card）这样的集成存储器。此外，一些生产商（如三星）也会使用自己的文件系统，比如 Robust Fat 文件系统（RFS）。

2.2　数据复制

安卓设备的数据复制或备份是很有必要的，它能避免重要数据在设备故障或者用户错误操作的情况下丢失，特别是当你在创建自己的程序或修整设备时，这种情况时有发生。对此我们将在下文中做进一步探讨。

安卓设备和个人计算机之间的数据交换最好通过 USB 接口实现，智能手机或平板电脑上都有一个微型或迷你型 USB 接口，个人计算机上有 A 型接口。你可以在 1.4 节详细了解 USB 及其在智能手机和平板电脑上的应用特点。

智能手机的 USB 接口有时会被插错，这不仅仅是因为微型和迷你型 USB 接口看起来非常相似，在选择接线时总是会出现混淆的情况，而且也因为接口的插入方向往往没有明确的标识。为了避免重复插拔导致智能手机接口变形，我建议你在接口上方（或下方）做一下标记。

个人计算机一般把安卓设备当作可移动磁盘，即 USB 磁盘（如图 2-3 所示），这是常用的数据交换方式。新版本的 Windows 系统在安卓设备连接时一般不需要安装特殊的软件，但是至少采用 Windows XP 系统的电脑还无法自动识别安卓设备，为此生产商需要在安卓设备上装一个专门的驱动程序。

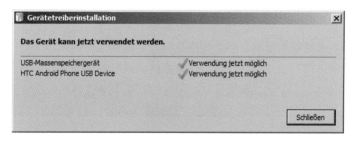

图 2-3　Windows 系统的个人计算机识别到了与之相连接的智能手机

在通过 USB 连接个人计算机时（如图 2-4 所示），安卓设备会提示用户选择连接方式，主要有仅充电、同步、硬盘、**USB 连接**（开放个人计算机的移动网络）以及互联网直通（通过个人计算机连接互联网）几个选项。

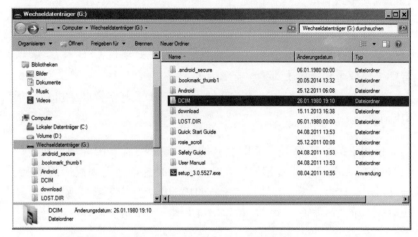

图 2-4 安卓智能手机是 Windows 操作系统用来进行数据交换的常用媒介，因此复制粘贴文件轻而易举，比如你可以直接从 DCIM 目录复制照片

如果安卓设备有现成的操作系统驱动程序或专门的软件，设备就能实现数据相互同步和重新写入固件等特殊功能。为此，每个生产商都推出了自己的解决方案，比如宏达电子推出的 HTC 同步管理器，三星开发的功能全面的 Kies 程序（如图 2-5 所示）等。

系统内的数据复制、移动和删除通常会用到文件管理器，文件管理器的界面采用目录结构。然而，安卓系统并没有标配的文件管理器。全能文件管理器（如图 2-6 所示）是个人计算机中最有名和最高效的文件管理器之一，它有很多扩展功能，如集成编辑器、打包器和 FTP 客户端，它也有安卓版可供下载。

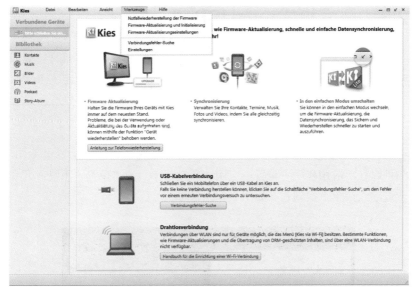

图 2-5　三星开发的 Kies 程序提供了一系列实用的功能

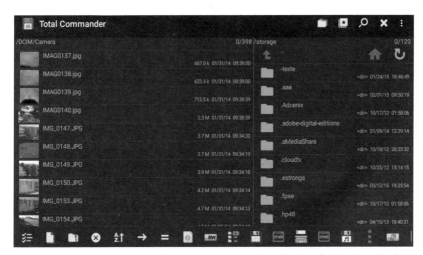

图 2-6　早在 Windows 时代就被人熟知的全能文件管理器也可以用于安卓系统，它支持实用的双界面视图，可以将数据移动到 SD 卡上

2.3 开发模式——USB 调试

安卓系统在执行某些特定任务时，需要激活开发模式，这样才能和 Android Studio 中的设备进行交流，使用引导装载程序或自定义 ROM。这个模式一般在调试或 USB 调试菜单下，因为安卓设备需要通过 USB 与电脑进行系统数据交换。

根据系统版本和型号的不同，USB 调试选项所在的位置也不同。你可以在"应用程序–设置–应用–开发菜单"或"设置–系统–开发者选项"菜单下找到它（如图 2-7 所示）。

图 2-7　开启 USB 调试功能

如果你在菜单中找不到激活开发选项，可以采用以下方法：在设置菜单下点击"关于手机"，向下拉，（至少）轻点七下版本号，直到开发者的消息弹出（或者点击 OK，即你已经是开发者），你就可以看到各种开发者选项了。

2.4　备份

对安卓设备来说，除了将数据直接复制到个人计算机上这种最简单和最可靠的数据保护方法外，你也可以通过专门的备份选项来备份数据，满足该项要求的 App 早已成为了各个设备的标配。几乎每个智能手机生产商（如索尼、韩国 LG、宏达电子和三星）都有自己的备份方案。当然，这些备份方案在细节上并不总是万无一失的。

首先，SD 卡比较适合作为存储媒介，因为与设备内置存储器不同，恢复出厂设置后数据也能保存下来。自 Android 4.0 版本起，你可以在设置下找到各类存储器的选项，帮你把多媒体数据（音乐、照片、视频）转移到 SD 卡上，或者直接通过 USB 接线传输到个人计算机上。

生产商指定的解决方案有一个缺点，就是数据无法传输到另一个生产商的设备上，因此市面上出现了一系列独立于设备的备份方案，它们的服务范围和适用的安卓版本各不相同。像 MyBackup（适用于 Android 1.5 以上系统）、Super Backup（适用于 Android 2.01 以上系统）或 Helium Desktop（适用于 Android 4.0 以上系统）这样的 App 需要准确的设置，它们需要知道图片、音乐、视频、联系方式、来电信息、书签、短信息、日程记录、主屏设置、闹钟、词典、音乐播放列表、应用程序以及数据等究竟要存储在哪里，是 SD 卡、电脑，还是云端呢？

像设置和系统应用这些需要备份的数据，只有用户具备 Root 权限（参见 2.5 节）才能进行复制或备份。此外，像需要 Root 权限的钛备份（Titanium Backup，如图 2-8 所示）或固件管家这样的软件都能够备份完整的系统镜像。Holo Backup 工具也可以备份镜像，且无须系统应用，所以使用它进行备份也不需要 Root 权限，无须安装就可以在 Windows 系统和 Linux 系统中运行。

图 2-8　钛备份是一款综合性的备份解决方案，它需要 Root 权限

同样地，云服务（云存储、微软网盘、谷歌云端硬盘）也是数据存储的一种常见解决方案，尽管在德国人或者欧洲人看来，这种方案无法达到数据保护的目的，因为数据传输常常是在未加密状态下进行传输的，所以云服务无法保护用户的密码和隐私数据。

2.5　为设备解锁 Root 权限

Windows 系统有管理员，Linux 系统有超级用户或 Root，它们掌握着系统中的所有权限。因为安卓系统是从 Linux 系统衍生而来的，因此它也有 Root 用户，但是 Root 权限一般处于未激活状态。出于安全考虑，系统并未给用户开放 Root 权限。然而与其他系统相比，安卓系统没有用户管理器，而是为每个已安装的应用创建了一个用户，应用有特定的用户 ID，并据此确定用户权限，所以在安卓设备上激活 Root 权限改变了应用和服务的读写权限。

这样做的好处是，你可以以根用户或超级用户的身份执行包括完全备份在内的几乎所有可能的系统操作，也可以删除设备中的预装应用或广告应用（膨胀软件），或者改进系统功能。当然，这样做肯定也有坏处，比如，解锁 Root 权限后智能手机无法保修。当然，保修期还是存在的，因为这是卖家必须履行的法律义务，前提是客户在保修期内发现设备出现问题。

保修指的是生产商或卖家承诺在一个规定的时间内为客户购买的产品进行担保。如果产品在购买时存在缺陷就可保修，但很多生产商会拒绝保修解锁 Root 权限的手机。然而，生产商对此并不统一，比如宏达电子（HTC）就声明只保修非 Root 引起的产品缺陷。即使有 Framaroot 或 Kingo Root 这样的软件具有解除 Root 限制的功能，但是它们无法完全恢复解锁 Root 之前的系统。我建议你在保修期内尽可能不解锁 Root 权限。

当你打算解锁 Root 权限时，必须清楚随之产生的风险：不仅无意中的一个误操作就会使设备瘫痪，而且有的病毒软件可能会对设备造成更大的损害，即使病毒只进入到常规用户环境中。

根进程也可能执行失败，此时你需要区分设备是软损坏（Soft-Brick）还是硬损坏（Hard-Brick）。Brick 这个词指的是设备在出现这种故障时与砖块无异。但是，软损坏只是一个软件故障，它导致设备无法正常启动，大多数时候，你只能通过恢复出厂设置或安装新固件来清除故障。设备出现硬损坏的情况更为少见，硬损坏指的是设备受到了不可修复的损坏，根本无法使用了。

在安卓系统中获取 Root 权限没有统一的方法。一般而言，你可以通过某个应用或者专门的电脑软件来解锁 Root 权限，当然后者需要通过 USB 接口将安卓设备连接到电脑。此外，安卓设备中的 USB 调试模式必须处于激活状态（也称为开发模式，参见 2.3 节）。这也是向安卓设备传输 ROM 固件的前提（参见 2.6 节）。

Root 进程开始前，你要清楚为什么需要 Root 权限：一方面，数据备份和清理过多预装软件需要 Root 权限；另一方面，很多操作无须 Root 权限。如果你想控制某些系统功能，如降低处理器的功耗（Undervolting 等）或者提高时钟频率，那么都需要 Root 权限。

对各种类型的安卓设备来说，像 Framaroot 这类解锁 Root 权限的程序就像常规应用一样，因此根进程的操作相对简单一些。设备对解锁 Root 权限的应用支持程度各不相同，Framaroot 软件可以进行常规的更新，大部分设备都支持使用，而像 Root Genius 这样的工具主要适用于国产设备（如宏达电子、华为），也仅支持中文版（当然，这与根进程毫无关系）。相反地，像 Universal Androot 或 Towelroot 这类解锁 Root 权限的应用仅支持旧版的安卓设备。这些应用其实是利用安卓系统中明显的安全漏洞来解锁 Root 权限的。Framaroot 软件（如图 2-9 所示）界面上的 Aragorn 是取自电影《指环王》中的人物姓名。

安卓一键解锁软件 KingoRoot（如图 2-10 所示）是一款 Windows 系统程序，它的根进程同样可以在各种类型的安卓设备上执行（只要轻击鼠标）。为此你同样需要激活安卓设备上的 USB 调试选项。程序向导也能帮初学者简化 Root 创建过程。类似的软件还有 UnlockRoot（Pro），你需要安装安卓软件开发工具包的 ADB 驱动程序才能使用它（详情参见 2.8.1 节）。

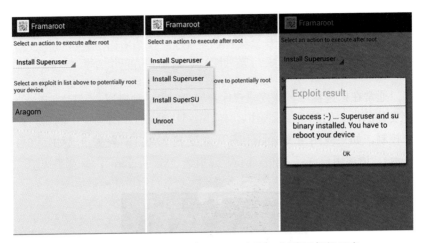

图 2-9 Framaroot 应用成功解锁设备的 Root 权限，创建了超级用户

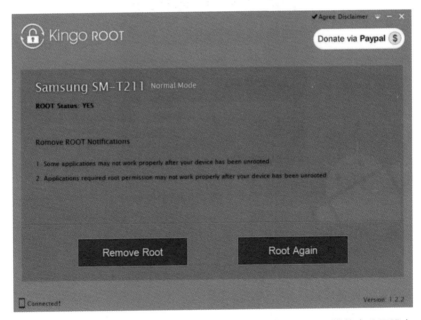

图 2-10 安卓一键解锁软件 KingoRoot 也可以将设备还原到正常状态（即没有解锁 Root 权限的状态）

你最好通过启用需要 Root 权限才能运行的应用来验证一下是否已经获得了 Root 权限，或者尝试 Root Checker 这个应用，它可以深入检测 Root 的功能。

通常在根进程中，像权限管理或超级用户这种应用一般是绑定在一起安装的，它们起着管理者的作用，类似于 Windows 系统中的用户账户控制。如果应用需要 Root 权限，系统就会弹出警告提示（如图 2-11 所示），请求用户许可（Erlauben）或拒绝（Verweigern），避免高风险。

图 2-11　超级用户的询问界面会自动出现在激活 Root 权限的设备上

2.6　可供选择的固件——自定义 ROM

安卓版本的不断更新也促进了手机型号的更新，而且生产商需要尽快更新设备以适应新版安卓系统。智能手机往往刚推出没多久就过时了，因为最新的机型看起来更加时髦，最新的 App 操作起来更流畅，操作方法可能也截然不同。

除了谷歌和设备生产商推出的固件外，市面上还涌现出各式各样的自定义 ROM（只读存储器），但它们与 ROM 技术无关。自定义 ROM 的种类繁多，它是为特定设备服务的，设备的各个序列号仍具有重要的意义。自定义 ROM 各不相同，你可以在安卓社区的相关网络论坛上了解这些信息。

一般而言，开发 App 的发烧友不会完全重写自定义 ROM，而是以原始的安卓版本为基础，将它作为开源平台来使用，或者以设备生产商的原厂固件为基础。选择这种固件版本是完全合法的，而且几乎不会导致系统出现无法修复的损失。

视用途的不同，自定义 ROM 版本都有特定的侧重点，有的新增了特殊的功能，有的只有一些必备功能，但是它们在旧机型上运行仍然很流畅，功耗也较小。

绝大多数的自定义 ROM 是从 CyanogenMod 项目获取的，这种自定义 ROM 可以用在很多类型的安卓设备上。而且在绝大多数情况下，它对存储空间的要求明显低于生产商指定的安卓版本。但是由于版权问题，谷歌应用暂不支持使用。

此外，还有很多版本的自定义 ROM（如 Paranoid Android、MIUI、Pac-Man 等，如图 2-12 所示），它们的来源各不相同，如果你有兴趣可以仔细研究一下。此外，有些网站上提供自定义 ROM 的比较数据库，介绍了自定义 ROM 的各项功能，虽然这些数据并不总是实时更新的。还有的网站提供实用的选择测验，你可以从中找到与自身需要最接近的自定义 ROM 版本。

图 2-12 受欢迎的自定义 ROM 的图标

在使用自定义 ROM 前，你需要先做系统备份（参见 2.4 节）。在系统运行状态下无法更新固件，因为固件正在被使用。对此你可以使用安卓系统的恢复功能，它能够将新系统从 SD 卡写入 Flash 存储器。当下载的系统更新包运行时，安卓系统的恢复功能就开始起作用了。

2.6.1 引导装载程序：快速启动

安卓版本和设备类型各不相同，你需要通过解锁快速启动程序来安装选定的固件（在 fastboot 模式中）或进行系统修复。一般而言，引导装载程序是硬件初始化和装载操作系统的必备工具，就像个人计算机中的基本输入输出系统（BIOS）一样。引导装载程序的通知是不可见的，一般隐藏在图片或图标后面。

一些生产商（如宏达电子、摩托罗拉）提出了解锁程序的官方途径，其描述非常详细，你需要从生产商处得到一个用户账号。

对一些设备来说，你可以在引导装载程序模式中使用特定的组合键，示例如表 2-2 所示。

表 2-2 引导装载程序模式中的组合键

生产商	设　　备	按　　键
谷歌	Galaxy Nexus	增音键、减音键和电源键或开机键
谷歌	Nexus 4，Nexus 7	增音键和电源键或开机键（长按）
谷歌	Nexus 5	减音键、增音键和电源键或开机键（长按）
谷歌	Nexus 6	减音键（长按）
谷歌	Nexus One，Nexus S	增音键和电源键或开机键
宏达电子	很多机型	减音键和电源键或开机键（长按）
摩托罗拉	市面上的很多机型	减音键和电源键或开机键
摩托罗拉	很多旧机型	增音键、减音键和电源键或开机键
三星	很多机型	Home 键、减音键和电源键或开机键

　　快速启动模式允许映像即操作系统直接写入安卓设备的内部存储器。本质上，引导装载模式中的界面形式和选项由设备类型和安卓版本决定。举个最简单的例子，显示屏上（大多在显示屏左侧，字号很小）通常只有关于快速启动程序或引导装载程序激活的提示，而图 2-13 展示了一个字号合适的详细菜单界面。

图 2-13 被解锁的智能手机给引导装载程序提供了不同的功能

运行引导装载程序或快速启动模式的第三个常用方法是将安卓设备通过 USB 连接线与个人计算机相连。个人计算机上需要安装安卓软件开发工具包（SDK），当然你不需要安装完整的安卓开发工具 Android Studio（参见 2.8 节），只需要安装独立的软件开发包工具（最小化的自动数据处理工具和快速启动程序）。工具（参见 2.8.2 节）在目录中的位置可以通过输入以下命令得到（如图 2-14 所示）：

```
adb reboot bootloader
```

图 2-14　如果系统能够检测到连接的安卓设备，它就能在引导装载模式下启动，写入映像并执行新的启动程序

事先检查连接的安卓设备是否处于通信状态，接着输入以下指令：

```
adb devices
```

显示的各个设备号大多是保密的，因为它无法直接获取连接设备上的信息（如型号、系列号、版本号等）。

你可以通过以下指令重新写入映像（boot.img）：

```
fastboot flash boot boot.img
```

安卓调试桥（Android Debug Bridge，adb）能够识别一系列指令。帮助文本可以通过 adb -h 显示出来。

2.6.2 安装

你需要使用 ClockworkMod Recovery（CWM）这类固件管家软件直接安装固件镜像。你可以在 ROM 管理器程序（如图 2-15 所示）中安装 CWM 软件，管理器具有很多装载和管理 ROM 固件的实用功能。此外，ROM 管理器还有备份和还原的功能，能保护 SD 卡当前的固件，如果自定义 ROM 版本没有被保存，你可以通过 ROM 管理器修复原系统。

图 2-15　ROM 管理器支持多种安卓版本

安装 CWM 软件需要 Root 权限。工具会在安卓设备的引导程序运行过程中启动（如图 2-16 所示），在安卓系统装载前，没有什么常用应用程序，如果出现严重的系统故障，你可以一键恢复系统。

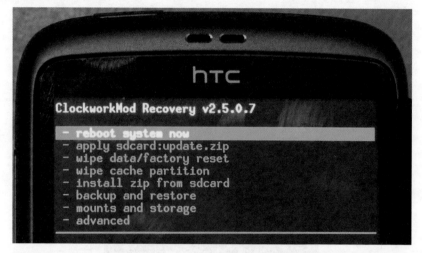

图 2-16 ClockworkMod Recovery 会在引导程序运行过程中装载，它能够执行固件所需的各种操作

有快速启动模式的设备（如谷歌、索尼、三星）可以通过特定的组合键调出该模式，个人计算机可以通过独立的快速启动工具直接将选定的操作系统写入安卓设备的闪存，比如你可以使用组合键启动三星开发的软件 Kies。

除了实用的快速启动模式外，一些设备（摩托罗拉、宏达电子）还有专门的引导装载程序，它在一定程度上起着跟快速启动模式相反的作用，能够避免恢复系统被替换，而且只允许系统使用生产商签字的固件版本。但是你还是可以在安卓论坛上找到关于这个问题的设备专属解决方案，比如使用 Revolutionary 撤销系统保护机制（@SecureFlag），然后再安装 CWM。之后自定义固件的安装方式就是一样的了。

与设备相匹配的自定义 ROM 压缩文件（Zip）下载完成后，该文件名变为 update.zip，并存储在 SD 卡上。只有当安卓设备把自定义固件作为常用更新项时，系统才会出现这样的命名方式。如果选择 CWM 来恢复系统，那么这种命名方式就不是必需的，因为它允许任意的压缩文件名。

因此，恢复程序可以通过组合键的方式启动，比如在安卓设备上按减音键 + 电源键，或是增音键 + Home 键 + 电源键，或在个人计算机上通过 USB 与安卓设备连接。为此，你又会用到安卓调试桥驱动程序。

烧录过程需要持续几分钟。如果运行方式不当，就无法显示新版本。虽然出现这种状况比较麻烦，但是一般不会造成太严重的问题，至少以前的系统是安全的，你可以用固件管家恢复到以前的系统。

直接安装可选的安卓版本：

- 为设备解锁 Root 权限（取决于设备本身，并不是必选项）。
- 进行系统备份（如个人数据）。
- 电池应该处于满电状态，一定要避免出现没电的情况。
- 弄明白如何在各个设备中启动恢复模式（如组合键、解锁引导装载程序等）。
- 提供与各个设备相匹配的自定义 ROM 版本（映像）。
- 当自定义固件无法执行标准的恢复机制时，你可以用固件管家安装 ROM 管理器应用程序，以此作为备选恢复程序。
- 在 SD 卡上存储自定义 ROM 版本。
- 执行恢复功能。

2.7 编程

智能手机和平板电脑里的程序被统称为 App。创建 App 需要用到不同的工具和开发环境，很多时候这些工具和开发环境可以免费使用。

安卓系统的设备一般配有谷歌开发的安卓开发环境 Android Studio，它使用专门的软件开发工具包和 Java 编程语言来工作。苹果公司的设备使用 Xcode 开发环境和 Swift 程序语言；采用微软移动操作系统（前身为 Windows Mobile）的设备的开发环境为微软的 Visual Studio，编程语言为 C#。

尽管每个开发环境都配有专门的软件开发工具包和相应的数据库（苹果的软件开发工具包名为 iPhone SDK），但它们或多或少都会对设备和程序自动进行默认设置，也会附带示例以及更复杂的 App。如果你想得到理想的结果，就需要掌握关于创建 App 的编程知识并积累一定的编程经验。

采用网页技术（HTML5、JavaScript、CSS3）的特殊框架能简化程序开发过程，大多数网页设计师早已精通这项技能。这些框架相互兼容，在各种各样的平台上都能运行，因此，对于安卓系统、iOS 系统和 Windows Phone 系统来说，不必单独开发程序。从功能范围、性能和成本角度出发，这些框架之间的差异很大，因此你要谨慎思考，选出最适合的系统。比较有名的框架有 Adobe 开发的 PhoneGap 开发平台、英特尔的 XDK 开发工具，以及 Ionic、KendoUI 或像 SproutCore 和 OnsenUI 这样的开源框架（如图 2-17 所示）。

这种混合开发 App 的缺点在于许可条款不够清晰。与开头提到的通过 SDK 开发包为某个特定平台创建 App（本地应用）的方法相比，这种方法生成的程序代码性能要逊色很多。此外，这种程序对特定硬件模块（如 USB 和近场通信）的访问权是有限的，甚至根本无法访问。

图 2-17 通过框架可以生成脱离平台的 App，就像英特尔的 XDK

　　创建程序的另一个方法是使用图形为导向的应用生成器或应用构建器，借助连接在一起的图形符号自主生成所需的程序代码，无须输入源码。采用这种方法的著名系统有 AppTITAN、AppYour-self 以及 App Inventor。这种方法的成本构成和支持的服务范围并不总是一目了然的。虽然这种创建 App 的方法看起来非常简单，但是有时它只能生成一个移动网页，由此产生的主机托管费用需要生产商来承担。

　　在 App Inventor 开发工具中，你可以通过排列和更改语句块的位置逐步创建 App（如图 2-18 所示）。接着，你可以把语句块转换成代码编译到应用中。对程序员来说，这种方法是远远不够的，因为它的灵活性太低，这归根结底是由相互连接的语句组合块导致的。

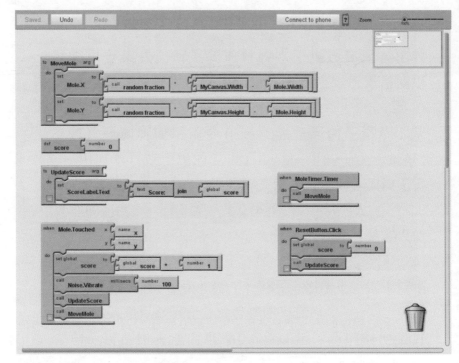

图 2-18 App Inventor 开发工具通过选择模块来生成 App

2.8 运用 Android Studio 集成开发环境工具

本地应用的灵活性和性能最好。安卓系统最初使用的开发环境是 Eclipse，它有应用编程所需的安卓插件。自 2013 年起，Android Studio 不断更新升级，成为安卓系统的主流或正式开发环境。安卓插件程序的开发不再进行。迁移助手简化了将 Eclipse 程序转换成 Android Studio 的过程。与之前提到的解决方案相比，Android Studio 工具的安装更为简单，因为它有很多生成 App 的辅助工具、优化的辅助功能、同步校验和代码补充功能，以及更高速的编译器和设备模拟器（如图 2-19 所示）。

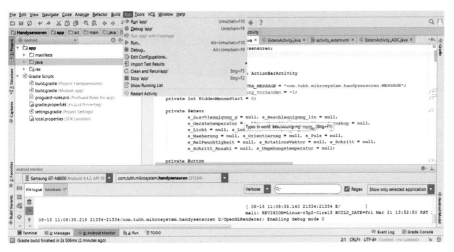

图 2-19　Android Studio 是 App 开发的首选

　　Android Studio 主要针对的是基于很多辅助功能的安卓文本编程。界面设计需要使用布局编辑器，集成的翻译助手可以自动将开发完成的 App 翻译成多种语言。在模拟器中，App 可以在不同的设备上进行测试，无须使用专门的智能手机。

　　安卓系统可以在上千个不同型号的智能手机上运行。每个设备的规格各不相同，硬件也不同。然而，开发完成的 App 应该尽可能用在多种机型上。因此，安卓版本的 App 应该尽可能向下兼容。

　　旧版操作系统已经无法支持很多如今看来必不可少的功能了，比如开放配件协议、近场通信或低功耗蓝牙（智能蓝牙）。尤其在过去，这种无线接口总是会出现各种问题，尽管生产商在设备中嵌入了这个接口，但是安卓系统官方并不提供支持。对此，一些生产商（如三星）推出了一系列解决方案，但它既无法与当时的安卓接口相互兼容，也无法与后期出现的官方安卓接口相互兼容。如果针对这些特定的内置硬件编程，却没有使用统一的安卓功能，那么系统就会不断出现兼容问题。但是，有时这是无法避免的。尽管使用旧版本的应用编程接口可以达到很高的兼容性，但是设备还是无法使用新版的功能或布局元件。

另一个挑战是设备的显示屏大小和分辨率不同。界面布局在不同设备上看起来完全不同。尽管 Android Studio 能够让用户在不同的分辨率下查看和调整布局图，但布局图看起来会让人眼花缭乱。此外，每个月都有新的设备上市，你需要不断地调整布局图。如果你不打算优化设计，就会导致比如从智能手机换成平板电脑时，很多面积都用不到，或者由于字体偏小，智能手机界面的可读性很差。

2.8.1 安装与运行

在安装 Android Studio 之前，你首先要在电脑上安装甲骨文公司推出的 Java SE 开发包（JDK）。你可以在各大平台（Windows、Linux、Mac OSx 还有 Solaris）上免费下载。

甲骨文主页上有很多 Java 产品，要找到你需要的那款并不是一件容易的事情。在绝大多数情况下，64-Bit-JDK-Windows 版本的开发包是个人计算机的不二之选。不管怎样，你都需要开发包。安装成功后（如图 2-20 所示），你可以在 Windows 程序中找到相应的程序入口。

如果你不确定所需的 JDK 版本是否已经安装成功，可以先启动 Android Studio 的安装程序，因为在安装过程中，系统能够检测出是否缺少所需的 JDK 开发工具包。可惜的是，总有已安装的 Java JDK 工具包无法被识别的情况发生（在 Java 中很常见），因此也会出现 Android Studio 无法安装的情况。

在这种情况下，需要手动添置名为 JAVA_HOME 的 Windows 环境变量，将其指向 JDK 的安装路径（如 c:\ProgramData\...）。你可以在"我的电脑（右击）-属性-高级系统设置-环境变量"选项下配置环境变量（如图 2-21 所示）。

图 2-20 所需的 Java SE 开发工具包安装成功

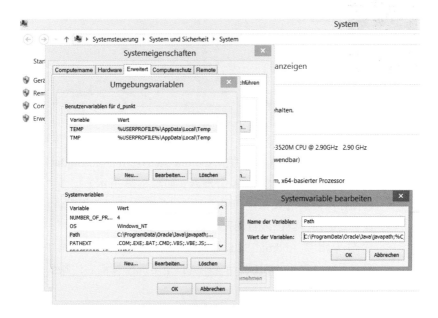

图 2-21 在安装过程中，如果无法将 Java 参数与路径变量自动匹配，那么可以 通过手工进行设置

后续的安装步骤如下。

- 从 https://developer.android.com/studio/index.html 上下载 Android Studio，文件大小约为 1.2 GB。
- 调用可执行的 Android Studio 文件（比如 android-studio-bundle-143.2915827-windows）。
- 使用默认设置参数执行安装程序（然后下载组件），直到安装成功的消息弹出（如图 2-22 所示）。

图 2-22 安装中的 Android Studio

- 调出 Android Studio（程序 –Android Studio–Android Studio），然后在配置选项下启动 SDK 管理器（如图 2-23 所示）。
- 选择你所需要的数据包和组件。如果你在安装时选择默认设置，最重要的组件就已经自动安装到电脑上了。
- 你至少需要 Android SDK Tools、Android SDK Platform Tools、安卓系统 API 和 USB 驱动程序。按下 Apply 按键后，缺少的组件就会补充安装。
- 激活智能手机或平板电脑上的 USB 调试模式（设置 – 开发者选项，也可参见 2.3 节）。

- 然后通过 USB 连接线将安卓设备与电脑相连：设备应该与电脑直接连接，而不要通过 USB 集线器中间过渡，因为这总会产生认证问题。
- 如果安卓设备上出现是否允许 USB 调试的提示，选择 OK 予以确认即可。
- 通过在安卓 SDK 的平台工具目录里输入 adb devices 指令来检验连接是否正确，接着界面上会出现你所连接的设备名称。

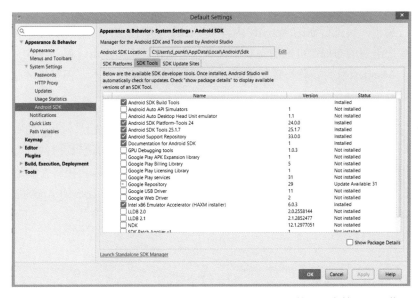

图 2-23 你可以在安卓开发工具 Android Studio 的 SDK 管理器中管理和下载所需的软件包

在安装过程中，需要区分 Android Studio 和 Android SDK，然后就可以在系统中从以下两个不同的路径找到对应文件：

- Android Studio 的路径为 c:\programme\Android\AndroidStudio；
- Android SDK 的路径为 c:\users\klaus\AppData\Local\Android\SDK\platform-tools。

只有当 Windows 系统中"显示隐藏文件"的选项处于激活状态时，你才能看到应用程序数据目录和其中包含的参数（这里比较重要的是工具）。

2.8.2 应用程序制作一览

在 Android Studio 中新建项目时，系统会启动软件助手，它能为所支持的各版本安卓系统挑选基础设置，如标题、图片和首页的布局规格，对此我们会在下面继续探讨。紧接着你需要对至少一个 Activity 进行编程（参见后面的 Activity 内容）。Activity 中包含：一个使用可扩展标记语言的布局；可选的文档字符串，它简化了文本编辑过程；还有一个 Manifest 文件，你可以从中了解 App 基于哪个安卓版本、程序包名称以及系统中有哪些 Activity。

比起马上动手编写 Activity 的代码，更有意义的是先设计 App 的布局图，创建必要的事件，然后在 Activity 中通过相应的代码进行操作。用布局编辑器（如图 2-24 所示）设计布局图时，你可以直接将左侧边栏中的元件移动到虚拟智能手机中，这样就可以预览已完成的 App 了。在右边的设置列表上，你可以定义 Activity 对象的排列方式、文本和颜色等属性。

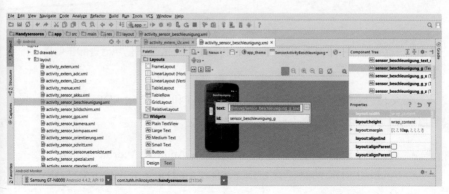

图 2-24 通过 Android Studio 中的布局编辑器来进行编程

组合而成的布局图会被 Android Studio 转译成可扩展标记语言并储存在相应的布局文件中。在布局编辑器中，你可以使用左下方的滑块在设计编辑器和 XML 编辑器（设计和文本）之间任意切换。布局元素的运行方式并不会发生改变。你必须在 Activity 中创建一个合适的变量，给它取一个 ID 号，这样才能通过变量名称加上后面的点来编辑 Activity 函数或相关事件（参见 Activity 部分的按钮示例）。

布局编辑器里的所有设置几乎都可以通过调用指令来更改，即使在运行过程中也是一样，比如激活或锁住电脑按钮，设置按钮可见或不可见。选择菜单（Spinner）同样也可以通过布局编辑器来设置。你还可以确定元素的数据源，这可以通过系统创建的 arrays.xml 文件轻松管理元素的记录。

接下来我们简单介绍一下 Activity 中需要注意的几个关键点。

Activity

Activity 指的是一个可见的用户界面，程序员可以用它来展示信息或获取用户输入数据。每个 Activity 都有一个定义好的用户界面，我们称为布局。在布局图中，你可以确定操作元件在屏幕上的位置以及特性。

操作元件可以是按钮、文本显示框、文本输入框或列表。操作元件分布在 Activity 的相应布局中，有着各自的功能，点击一下按钮就可以打开一个新的 Activity。如果你想在设计图中添加一个按钮，并给它一个明确的 ID 名，可以在 Activity 中编写如下程序：

```
// 按钮
// 创建按钮变量
Button BUTTONNAME = (Button)findViewById(R.id.BUTTONID);

// 为按钮绑定事件侦听器
BUTTONNAME.setOnClickListener(new View.OnClickListener()
{
  public void onClick(View v)          // 按钮被点击时执行的指令
  {...}
}
```

Activity 的生命周期

Activity 的生命周期对安卓系统的应用进程来说至关重要。每个 Activity 都有一个生命周期，系统会在特定的事件中根据 Activity 的状态调用相应的函数。

如图 2-25 所示，每个 Activity 在某一时刻只能处于一种特定的状态。在一个状态到另一个状态的过渡阶段，系统会调用图中箭头指向的相应函数。

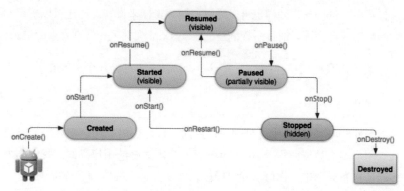

图 2-25 安卓系统中 Activity 的生命周期

当系统生成一个新的 Activity 并将其显示在前台时，它会经过以下几个状态：新建（Created）、启动（Started）和恢复（Resumed），其中需要依次调用 onCreate()、onStart() 和 onResume() 函数。一共有 7 个不同的函数，它们被编写在各个 Activity 类中，执行特定的功能。

当启动 App 时，用户可以通过 onCreate() 函数对程序进行初始化并设置用户界面。OnResume() 函数可以重新调出隐藏在后台的 Activity，重新加载在执行 onPause() 时存储的信息。这个过程（存储数据）一般会在 App 最小化时实现。在按规定中止 App 前，用户可以通过 onDestroy() 保存现有的 App 数据。

启动一个新的 Activity

如果想通过点击按钮启动一个新的 Activity，并创建新的布局，那么必须输入以下代码：

```
// 创建Intent变量
Intent intent;

// 选择需要启动的Activity类
intent = new Intent(this, KLASSENNAME.class);

// 启动
startActivity(intent);
```

2.8.3 第一个程序

如果 Android Studio 不是第一次调用，它会自动打开上次的会话，默认采用上次项目的设置。初始界面也和第一次使用时不一样。在重新调出程序时，你可以直接在 Android Studio 界面的"工具 – 安卓系统"菜单下找到 SDK 管理器及其他的工具（如 AVD 管理器、设备监控器等）。然而，在关闭当前的项目后，程序又回到了如图 2-26 所示的初始界面。

图 2-26 每个安卓系统开发都以项目选择的初始界面开始

创建程序的快捷方式：

- 调出 Android Studio（程序 –Android Studio–Android Studio）。
- 新建一个 Android Studio 项目或点击文件 – 新建 – 创建新项目。
- 配置新项目：给 App、包名以及项目文件夹命名或者直接采用默认设置。App 一般会存储在各个设备的用户文件夹中，但这种存储方式有时并不实用，因此我建议你给 App 创建一个独立的文件夹，这样看起来更一目了然。包的名称由用户提供，创建 App 的项目文件夹后会自动使用这些信息，以便开发环境能够识别包的从属关系。然后点击"下一步"（Next）按钮（如图 2-27 所示）。

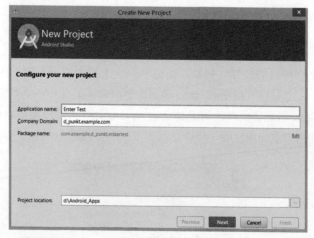

图 2-27　创建新项目

- 选择 App 运行的类型参数：选择项目呈现的设备平台，一般为手机和平板电脑，你还可以在此处选择各种安卓版本。我建议你选择安卓 4.0.3（IceCream-Sandwich），因为它可以与尽可能多的设备兼容（如图 2-28 所示）。接着选择"下一步"。

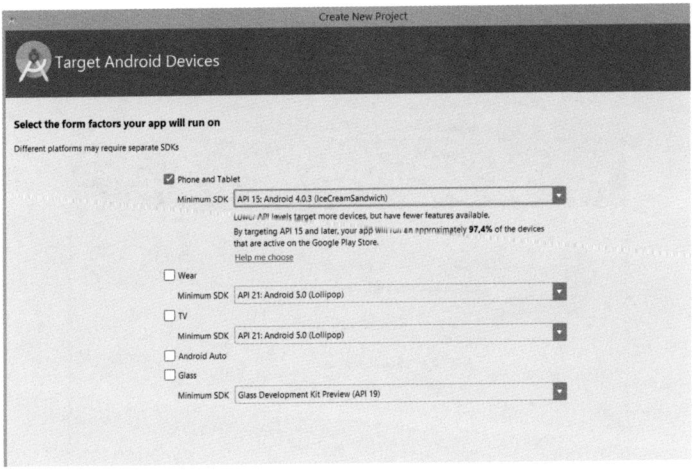

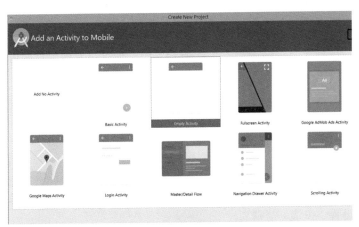

图 2-28　选择设备类型和安卓平台

- Add an Activity to Mobile 界面：选择一个 Activity 样板，进行相应的系统设置并创建文件，以供编程和后续 App 的运行使用。我建议你在第一次启动程序时就创建一个空 Activity（Empty Activity，如图 2-29 所示）。然后点击"下一步"。

图 2-29　一个空 Activity，没有什么特别的元素，只用作文本输出，这是启动程序时的正确选择

- 定制 Activity：确定 Activity 的名称及布局（如图 2-30 所示）。应用预设好的主参数，点击"完成"（Finish）即可。

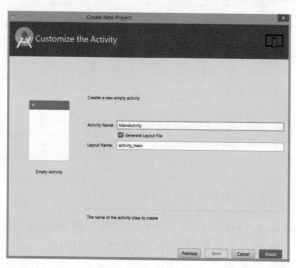

图 2-30　给 Activity 取名

- 关闭软件助手。设置 Android Studio 配置以及 App 模板，这在一定程度上可以看作给 App 搭一个框架，将相应的元素补充上去。

在项目工具窗口（如图 2-31 所示）中，你可以看到项目的树形结构，并快速浏览单个文件。在 manifests 文件夹下，你可以看到自动生成的文件，在 java 文件夹下有程序代码，而 res 目录中包含布局设计文件以及文本、颜色、图片等素材元素。点击 res 内布局子目录中的 activity_main.xml 文件，布局编辑器就会自动打开。

Gradle 是一款用于创建和管理项目的 Java 构建工具。在讲 Gradle 构建脚本的章节中，我们会介绍生成可执行应用程序所需的各个项目数据（设置、模块、规则）。

如果有需要，你可以在打开其他文件时手动调整预留的默认设置。除了这些基本文件外，你还可以生成其他文件，并在 Android Studio 的实际操作过程中对其应用和功能进行扩展。

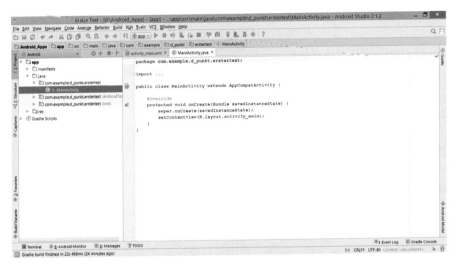

图 2-31　项目工具窗口中呈现的 Activity 源代码

如图 2-31 所示，通过点击上述列表，Android Studio 已经生成了一个可执行的程序。你最好在连接安卓设备后运行程序，利用 Android Studio 自带的安卓模拟设备管理器，创建一个手机模拟器。

运行程序时，需要点击运行（Run）菜单下的运行应用程序（Run App）选项，此时你会收到连接设备的提示，点击 OK 即可。

过一段时间以后，就会在所连接的安卓设备上出现一个新窗口（Activity）并显示以下信息：Hello World! 这段文本位于 res 文件夹下 activity_main.xml 文件的文本视图段（如图 2-32 所示），你也可以在此处修改文本内容。

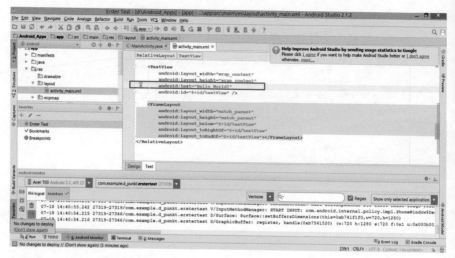

图 2-32　Activity 的文本输出

在 Android Studio 软件中运行 App 时，Gradle 构建工具会先生成一个后缀为 .apk 的临时文件。此外，你也可以通过新建菜单下的新建 apk 来生成临时文件。出于调试考虑，apk 文件在各个项目目录中的标准存储路径为：\app\build\outputs\apk。

通过 Android Studio 成功运行 App 后，App 会自动存储在连接的安卓设备上，你可以在常用 App 中找到它。我建议你经常清理常用的 App，以免设备上存储太多仍处于开发阶段的 App。

如果你希望 App 能够独立运行，并在其他安卓设备上使用和分享（在谷歌市场里），那么相关的包是必备的。这就需要为 App 制作图标、撰写信息文本和数码签名，通过 Android Studio 软件里构建菜单下的签名打包选项可以完成这一操作，为 App 进行认证。然后，已完成的 App 就会生成后缀为 .apk 的压缩安装包文件，其中包含 App 在安卓设备上安装和运行所必需的组件，这里就不再赘述了。

　　尤其对于初学者而言，Android Studio 并不总是易于操作的，因为它毕竟是一个功能和选项多样的强大环境，看起来有些超载。因此，首先你需要尝试一些典型的安卓编程的例子，上述的**快速编程以及第一个程序**对初学者来说非常实用。

　　当安卓程序装载到 Android Studio 时，你需要遵循的一条准则是，确保整个装载过程不会出现警告或报错信息，如**缺少安装平台，请修复项目的 Gradle 架构设置**等。在这些情况下，你无法立即启动 App，这主要是因为安卓系统的版本各不相同，它们所支持的功能也不一样。此外，不同版本的安卓程序还有各式各样的扩展功能，这取决于不同的生产商，只能用某一特定的硬件来驱动。

　　只要安卓程序的运行不以特殊的硬件为前提，Android Studio 就能够自动提供一个可行的变通方案，在项目装载时识别相应的信息。你需要逐一完成 Android Studio 推荐的匹配方案，这一般要持续一段时间，所以你需要有一点耐心。我不建议你手动中止匹配过程，这样你才能激活完成键。匹配过程中常常会出现三个以上的修正建议，直到（旧版）App 最终装载完成并开始运行（见图 2-33）。

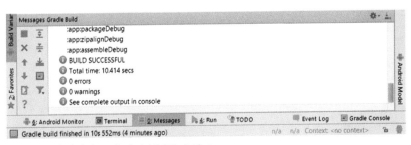

图 2-33　在消息窗口中成功创建和启动 App

　　现有的 App 装载完成后，Android Studio 中的数据呈现会有些让人摸不着头脑，因为数据是杂乱无章的。因此，我建议你像图 2-31 展示的和上面提到的那样，自己去手动调整，优化数据的呈现效果。此外，你最好展开项目的树形结构图，这样就可以选择和查看项目的所有相关文件了。

在编程时，一些集成辅助功能，如应用参数、识别必备功能或自动补充代码等，都能给人带来舒适的操作体验。在实际运用中，你最好总结一下系统的使用方法。这里我又要提到安卓开发者官方网站了，它能为所有安卓功能的实现提供辅助和代码示例。

3

工具与电子元器件

自己动手搭建电路肯定需要一些工具和辅助方法，当然你也需要电子元器件方面的具体知识，本章主要就此话题进行探讨。

3.1 预防措施

首先，选择一个照明条件好、干净宽敞的工作场所是很有必要的。在搭建电路的过程中，电子设备或电子元器件很容易遭受静电破坏。坐过商场自动扶梯的人应该都知道静电是怎么回事。如果你需要给表层为塑料材质的设备充电，那么一定要佩戴专业的防静电手腕带（如图 3-1所示）。这是一种固定在手腕上、与地线相连（比如接在取暖器或水管上）的防护工具。一般来说，如果你不直接触碰电子元器件，在取出电路板或诸如此类的器件时，选择触摸落地灯等接地金属设备自行放电，就无须佩戴这种腕带。

电子爱好者常常会对这种防静电手腕带存在误解，在他们看来，即使手腕带与地线连接不当，也不会出现什么问题，况且有些手腕带本身也存在质量问题。但是从保护电子元器件的角度讲，在操作电子元器件时，你一般需要考虑如何防止器件遭受静电破坏。实际上，在装配电路时，一定要采取防静电措施，同时保证所使用的桌椅和焊接工具等与地线相接。

图 3-1　防静电手腕带

3.2 工具

在组装和拆卸设备时，尤其是在组装和拆卸手机时，你必须使用合适的工具（如图 3-2 所示）。首先，你需要各种能够拆卸不同螺丝的螺丝刀。如果你要拆开计算机的外壳，完全可以用常规的一字螺丝刀代替十字螺丝刀，因为计算机上的螺丝头较大，不容易拧花，最多是螺丝刀有些磨损。而笔记本电脑的螺丝则需要精密工具来拆卸，你至少需要用到三种不同规格的小螺丝刀，它们的直径分别为 3 毫米、2 毫米和 1.5 毫米。平板电脑和智能手机中还使用了最小规格为 0.8 毫米的内六角螺丝和梅花螺丝。

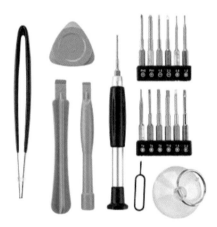

图 3-2　手机和平板电脑专用的维修工具套装

在拆卸设备时，如果你没有梅花螺丝刀，可以尝试使用十字螺丝刀，不过多数情况下，螺丝会被拧花，导致设备无法拆卸。螺丝也可能被拧出来，但是由于设备的可操作空间狭小，电路板和电子设备极易受损。这里提到的几种螺丝刀只能算是最基本的拆卸工具，一些生产商（如苹果公司）会使用特殊的螺丝，如 Pentalobular 螺丝、Robertson 螺丝、三翼螺丝或扭矩形螺丝。

在购买备件并进行更换时，有时使用一些质量欠佳的工具也能应付一下。但是平板电脑和智能手机上有很多非常精细的螺丝和零件，在拆卸时，你必须保持注意力高度集中，操作稳定，如果有一个（台式）放大镜就再好不过了（如图 3-3 所示）。

图 3-3　台式放大镜是进行所有精细化工作的绝佳选择

在测量蓄电池和电源的电压时，你需要一个电压表，普通的测量工具是数字万用表（如图 3-4 所示），它不仅能够测量电压，还能测量电流（直流电和交流电）和电阻。如果可测量电阻的万用表能检测通断则更实用，在通路状态下，万用表就会发出蜂鸣声，无须查看读数，你就可以检验诸如电线是否连接了。测量电阻时一般不能接通电源，也不能接入电路进行测量。我不推荐这么做，因为在这种模式下，会有电流流入电路，电子元器件很容易损伤。

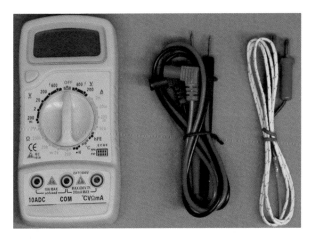

图 3-4　一台兼具声控检测通断、电容、晶体管以及温度传感器的便携式万用表

想要确定电路中某个电阻的数值是不可能的，因为在整个电路中，每个电阻都是与其他元件相连的，所以它是与其他电子元器件的串并联以及内阻共同起作用的。

被测电阻必须与电路断开连接，测量电容也是一样，这需要万用表必须有电容测量范围，价格低廉的万用表大多没有这样的功能，也无法测量温度，必须具有感温功能的外置传感器才行。如果你想直接在插头或插座上测量电阻，则需要尽可能小而尖的电阻测试棒（如图 3-5 所示）和电缆，它们大多需要单独购买。

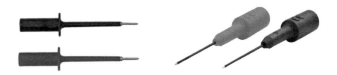

图 3-5　如果你想直接测量插头、插座和元器件的电阻，袖珍版的精密电阻测试棒是必不可少的

众所周知，在搭建电路时，面包板是必不可少的，它便于安装零件。这些零件通过面包板上的触点或者连上小跳线就能形成电气连接（如图 3-6 所示）。

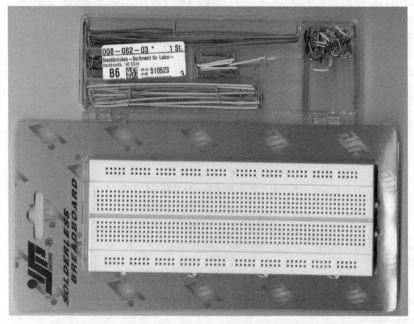

图 3-6　对搭建测试电路来说，使用通用的面包板和跳线的性价比较高

然而，将面包板上的哪些触点相互连接在一起（如图 3-7 所示）才能达到供电和连接地线的目的，并不一目了然。为了确定这一点，你最好找一个能检测通断的万用表。尽可能选择短线连接，因为长电线就像干扰信号的天线，会影响电路的正常运行，尤其会干扰传感器中毫伏级的模拟信号。对于（低频，频率最高可达千赫兹）纯数字信号来说，面包板的结构就没有那么重要了。

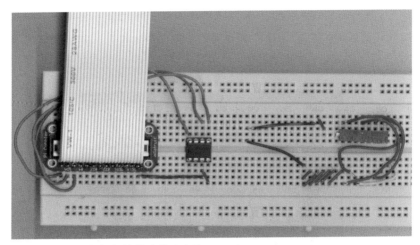

图 3-7 使用面包板能够快速搭建电路

除了螺丝刀、扁嘴钳和侧铣刀外，烙铁也是常用工具，因为面包板并不适用于最终电路。这里说的烙铁指的是一种可调温的焊接台，其中的烙铁头很容易买到和更换，你可以用它来焊接表面贴装器件（如图 3-8 所示）。

图 3-8 偶尔的焊接操作不一定需要德国威乐焊台（右图）这种经典的焊接工具，简易版的温控焊台（左图）就够了。可替换的烙铁头的质量和精度才是至关重要的

选择合适的置物架对搭建电路来说也很重要，尤其是对平板电脑和智能手机而言，在操作过程中，它能避免平板电脑和手机脱手或出现划

痕。如果是在家操作，可以使用普通的塑胶垫。专用塑胶盒设有独立的隔间（如图 3-9 所示），便于螺丝和单个元件分类保存。其实你从车用塑胶垫上剪一块下来使用也是可以的。

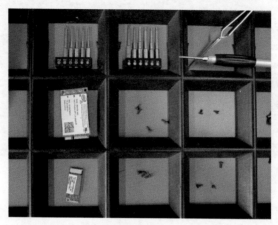

图 3-9 在搭建电路过程中，专用塑胶盒既可以避免设备表面受损，又能保证工作台的整洁有序

3.3 电子元器件

电阻和电容器是最基本的电子元器件，它们的结构和规格各不相同。接下来我们介绍它们的颜色代码和标识，但即便如此，电阻值和电容值也并不总是一目了然。

3.3.1 电阻

碳膜电阻的误差较大，通常用作高阻高压电阻，适用于较强的电流，如功率电阻，这种电阻大多采用四色环编码（如图 3-10 所示），而精度略胜一筹的金属膜电阻主要采用五色环编码（如图 3-11 所示）。

颜 色	第一环 (第一个数字)	第二环 (第二个数字)	第三环 (倍乘数)	第四环 (误差)
■ 黑色	-	0	$10^0 = 1$	-
■ 棕色	1	1	$10^1 = 10$	±1%
■ 红色	2	2	$10^2 = 100$	±2%
■ 橙色	3	3	$10^3 = 1\,000$	-
■ 黄色	4	4	$10^4 = 10\,000$	-
■ 绿色	5	5	$10^5 = 100\,000$	±0.5%
■ 蓝色	6	6	$10^6 = 1\,000\,000$	±0.25%
■ 紫色	7	7	$10^7 = 10\,000\,000$	±0.1%
■ 灰色	8	8	$10^8 = 100\,000\,000$	±0.05%
□ 白色	9	9	$10^9 = 1\,000\,000\,000$	-
■ 金色	-	-	$10^{-1} = 0.1$	±5%
■ 银色	-	-	$10^{-2} = 0.01$	±10%
✕ 无色	-	-	-	±20%

图 3-10 四色环编码中电阻的色标

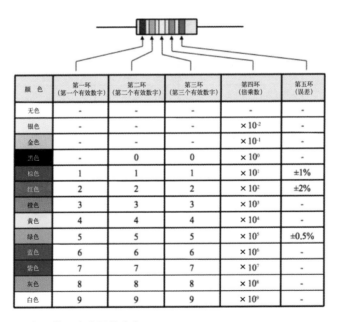

颜 色	第一环 (第一个有效数字)	第二环 (第二个有效数字)	第三环 (第三个有效数字)	第四环 (倍乘数)	第五环 (误差)
无色	-	-	-	-	-
银色	-	-	-	$\times 10^{-2}$	-
金色	-	-	-	$\times 10^{-1}$	-
黑色	-	0	0	$\times 10^0$	-
棕色	1	1	1	$\times 10^1$	±1%
红色	2	2	2	$\times 10^2$	±2%
橙色	3	3	3	$\times 10^3$	-
黄色	4	4	4	$\times 10^4$	-
绿色	5	5	5	$\times 10^5$	±0.5%
蓝色	6	6	6	$\times 10^6$	-
紫色	7	7	7	$\times 10^7$	-
灰色	8	8	8	$\times 10^8$	-
白色	9	9	9	$\times 10^9$	-

图 3-11 五色环编码中电阻的色标

3.3.2 电容器

电容器（如图 3-12 所示）可以用来分流、隔直流、通交流，起到滤波和调谐电路的作用，但是它不像电阻那样有统一的标识。对薄膜电容器和陶瓷电容器来说，第一个和第二个颜色环代表电容值，第三个颜色环表示零的数量，这与电阻的标识相同。在大多数情况下，电容值直接印在电容器上，如果你找不到像纳法（nF）或微法（μF）这样的标记，那么这个电容器的电容值单位一般是皮法（pF）。

第 4 个颜色环——电容值的误差范围：							
颜色	黑色	棕色	红色	橙色	绿色	白色	灰色
误差值	±20%	±1%	±2	±3%	±5%	±10%	±30%

第 5 个颜色环——允许通过的工作电压数值（Ub）：										
颜色	棕色	红色	橙色	黄色	绿色	蓝色	紫色	灰色	白色	金色	银色
Ub/V	100	200	300	400	500	600	700	800	900	1000	2000

位于最前方的颜色环——温度系数数值：							
颜色	黑色	棕色	红色	橙色	黄色	绿色	蓝色	紫色
$TKc \cdot 10^{-6}/℃$	±0	−33	−75	−150	−220	−330	−470	−750

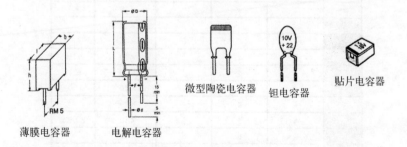

薄膜电容器　　　电解电容器　　　微型陶瓷电容器　　钽电容器　　贴片电容器

图 3-12　电容器的种类

3.3.3 二极管与晶体管

二极管和晶体管是用半导体材料做成的电子元器件，它们是组成数字集成电路和模拟集成电路的基本元器件。二极管（如图 3-13 所示）是最简单的半导体元器件，它由两种材料构成，即由 P 型半导体和 N 型半导体材料（比如砷和硼）烧结而成。这两个半导体的交界面形成称为 PN 结的空间电荷区，当 N 型一边接正极，P 型一边接负极时，PN 结会形成阻挡层，此时电流无法通过二极管，因为它是反向偏置的。当电流方向发生变化，即 N 型一边接负极，P 型一边接正极时，电流就能通过二极管了。在半导体二极管中，电子只能流向一个方向，这类二极管起到了整流器的作用。如果你使用交流电压，只有正弦波的上半部分能通过二极管。此外，二极管还能用于简单的开关操作和稳定电压（稳压二极管）。常见的硅二极管的正向电压约为 0.7 V，锗二极管的正向电压较小，约为 0.5 V。发光二极管可以用于显示和通知开关状态，发光所需的电压一般为 2 V，它能通过的电流约为 20 mA。

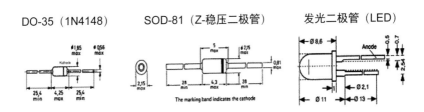

图 3-13 市面上常见的二极管的结构

晶体管是从二极管衍变过来的电子元器件，与二极管相比，晶体管由三个半导体和 2 个过渡区（即 PN 结）组成（如图 3-14 所示）。晶体管有三极，分别称为发射极、基极和集电极。NPN 双极晶体管由两个 N 区（发射极和集电极）和一个置于它们之间的 P 区（基极）组成。

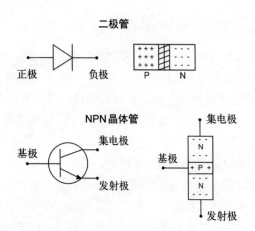

图 3-14 二极管与晶体管的电路符号与构造

如果将晶体管与两个相对的二极管（如图 3-15 所示）进行比较就会发现，基极（B）－发射极（E）形成的二极管是正向偏置的，而集电极（C）－基极（B）形成的二极管是反向偏置的。当在集电极－发射极施加电压（U_{CE}）时，集电极－基极形成的二极管呈闭路状态，最多只能容许可忽略不计的剩余电流通过。当基极和发射极之间没有施加电压（U_{BE}）时，晶体管一直处于闭路状态，直到电路中接入至少 0.7 V 的电压后，电子才能从发射极流向基极。

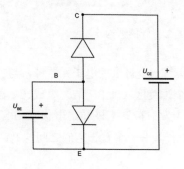

图 3-15 NPN 晶体管的等效电路图阐明了它的工作原理

我们在这里对 NPN 双极晶体管的解释同样适用于 PNP 型晶体管，后者由两个 P 区（发射极和集电极）和一个置于它们之间的 N 区（基极）组成。它的运行方式与 NPN 晶体管的相反，电压需要换向。

你可以使用多种晶体管（如图 3-16 所示）来搭建各式各样的模拟电路和数字电路。在模拟电路中，晶体管相当于一个典型的放大器，而在数字电路中，它又起着开关的作用，低电平表示开关处于关闭状态，高电平表示开关处于打开状态。

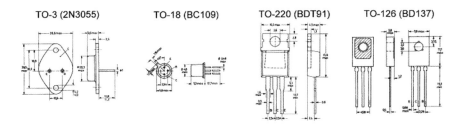

图 3-16 晶体管的结构

3.3.4 表面贴装器件

如今，与分立器件相比，体积较小的表面贴装器件（SMD）更被看作所有组件中的标准件。由于它占用空间更小，能够实现自动装配和焊接，所以在生产商看来优势显著。在一定程度上，你可以把 SMD 理解成在表面安装的元器件，因为它可以直接装配和焊接在电路板上，无须连接线（如图 3-17 所示）。

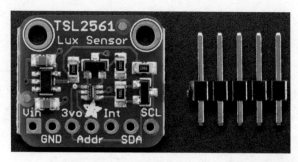

图 3-17　一个嵌有表面贴装器件的传感器电路板，可以通过接头对它进行调试

　　然而，与传统元器件相比，表面贴装器件不易维修，且对电子爱好者"不友好"，它们更难操作和识别。当然，一些元器件只能以表面贴装器件的形式呈现出来。表面贴装器件的芯片需要焊接在专门的适配器电路板上，它有一个 DIP 插座或接头，因此，你可以将它插在面包板上进行试验。此外，一些特殊的传感器还附带所谓的分线板，这更简化了操作过程。

　　在贴片电阻中，应用最广泛的两个型号为 1206 和 0805。其他的型号如表 3-1 所示。

表 3-1　贴片电阻的型号

型　　号	长度（毫米）	宽度（毫米）	功率（瓦）
0402	1.0	0.5	0.063
0503	1.27	0.75	0.063
0505	1.27	1.25	0.063
0603	1.6	0.8	0.063
0705	1.27	1.91	0.063
0805	2.0	1.25	0.1
1005	2.55	1.25	0.125
1010	2.55	2.55	0.125

型　　号	长度（毫米）	宽度（毫米）	功率（瓦）
1206	3.2	1.6	0.25
1210	3.2	2.6	0.25
1505	3.8	1.25	0.25
2010	5.08	2.55	0.5
2208	1.9	5.72	0.5
2512	6.5	3.25	1

表面贴装器件的标识不采用色环，而是采用数字编码（如图 3-18 所示）。

- 三位数字编码：前两个数字代表有效数字，第三位数字代表有效数字后零的个数（即幂指数）。
- 四位数字编码：前三个数字代表有效数字，第四位数字代表有效数字后零的个数（即幂指数）。
- 采用字母 R 的标记：这种标记方法只适用于 976 Ω 以内的数值，字母 R 代表小数点。

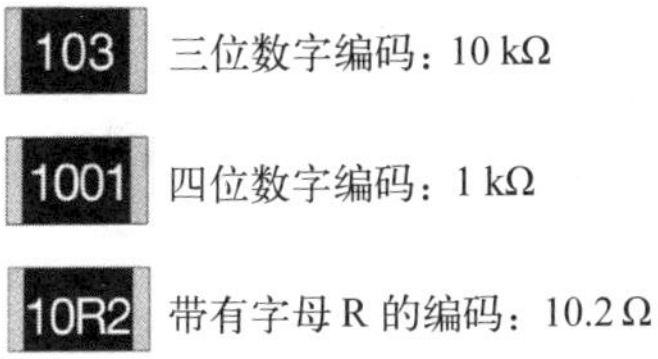

103 三位数字编码：10 kΩ

1001 四位数字编码：1 kΩ

10R2 带有字母 R 的编码：10.2 Ω

图 3-18 贴片电阻的标识示例

贴片电容器的型号多样（如图 3-19 所示），有时电容器上既没有数值又没有编码标识，如果去除包装（对应的标签），就很难分辨出它的型号。例如贴片陶瓷电容器，它的电容值为 0.3 Pf ~ 1 μF，电容器上没有任何标识。

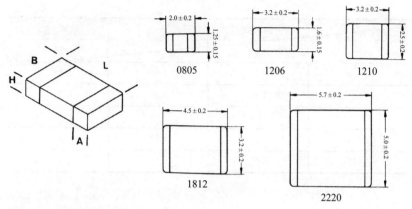

图 3-19 贴片陶瓷电容器

　　一般而言，我们可以把贴片电容器分为两大类：一类是像贴片电阻那样用作芯片的陶瓷电容器（如表 3-2 所示），另一类是以钽电容器为主的电解电容器（Elkos）。此外，还有性价比更高的铝电解电容器。当电容值大于 100 μF 时，表面贴装器件的电路中大多使用传统的电容器，再以横放的方式进行装配。

表 3-2　贴片电容器的类型

型　　号	长度（毫米）	宽度（毫米）	高度（毫米）	接头 A（毫米）
0805	2.0	1.25	0.51 ~ 1.27	0.25 ~ 0.75
0603	1.6	0.8	0.8	0.25 ~ 0.75
1206	3.2	1.6	0.51 ~ 1.6	0.25 ~ 0.75
1210	3.2	2.5	0.51 ~ 1.9	0.30 ~ 1.0
1808	4.5	2.0	0.51 ~ 1.9	0.30 ~ 1.0
1812	4.5	3.5	0.51 ~ 1.9	0.30 ~ 1.0
2220	5.7	5.0	0.51 ~ 1.9	0.30 ~ 1.0
2512	6.5	3.25	0.51 ~ 1.9	0.30 ~ 1.0

　　极化电容器（如图 3-20 所示）用加号（+）来表示正极，它的标记方式与贴片电阻的原理相似；也就是说，前两位数字是有效数字，第三

位数字代表其后零的个数（幂指数）。

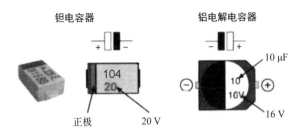

图 3-20　极化电容器

对于微型电容器来说，电容值以皮法为单位；对于大型电容器来说，电容值以微法为单位。例如，电容器上标记的 104 数值表示电容量为 0.1 μF，计算公式为 $10 \cdot 10^4 = 100\ 000\ \text{pF} = 100\ \text{nF} = 0.1\ \text{μF}$。

贴片二极管、贴片晶体管以及其他元器件（如电压调节器、集成电路等）的封装形式多种多样（如表 3-3 所示），其中绝大多数都有说明。集成电路的典型封装形式为双列直插式，引脚数一般起始为 4 个，只有特殊电路的引脚数量才会超过 40 只。

表 3-3　封装形式

封装形式	全　　称	典型应用
DIL	双列直插，与 DIP 同义	数字和模拟集成电路
DIP	双列直插式封装	数字和模拟集成电路
DO	直插式二极管封装	二极管
LCC	无引脚芯片载体封装	高度集成电路
PLCC	带引线的塑料芯片载体封装	高度集成电路，中央处理器
QFP	四面引脚扁平封装	高度集成电路，控制器
S-DIP	收缩型双列直插式封装	数字和模拟集成电路
SIL	单列直插式封装	模拟集成电路，驱动程序，放大器
SO	标准封装	模拟集成电路，运算放大器
SOD	二极管的标准封装	二极管

（续）

封装形式	全　称	典型应用
SOJ	J形引脚小外形封装	数字和模拟集成电路
SOT	晶体管的标准封装	晶体管
SSO	收缩型标准封装	数字和模拟集成电路
TAB	载带贴装	排线，各式各样的集成电路
TO	晶体管封装	晶体管
ZIP	单列曲插式封装	存储芯片，视频随机存储器

在各类表面贴装器件中，集成电路的标准封装形式为 SO。像 Powerwatt 封装、单列直插式封装等大多用于驱动级元器件，如放大器、电源（如图 3-21 所示）。高度集成电路采用带引线的塑料芯片载体封装或四面引脚扁平封装，首先它也要有与封装相匹配的底座，四面引脚扁平封装中的芯片要与表面贴装器件类型相符，即必须能被直接焊接在一起。带引线的塑料芯片载体封装和四面引脚扁平封装的引脚分配并没有统一的标准，这取决于生产商或者各自的组成部分。

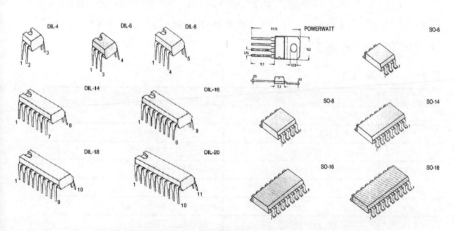

图 3-21　带有引脚标识的双列直插式封装、Powerwatt 封装和标准封装

4 自己动手创建简单的接口

老旧的普通手机、智能手机和平板电脑常常被闲置，因为它们已经无法满足需求了。随着电子设备创新周期日益缩短，其更新换代也越来越快。安卓设备生产商早就不再提供系统更新服务了，这时，你可以通过更换系统固件（参见 2.6 节）的方法来延长电子设备的生命周期。

智能手机与平板电脑是高度集成的微型电脑，先于 Arduino 或树莓派这类典型的开源硬件平台问世，而且性能更胜一筹。对智能手机和平板电脑而言，电源（电池）和移动通信服务是标配。此外，它们还有高分辨率的触摸屏以及无线局域网和蓝牙等无线通信接口，而这些并不是开源硬件平台的标配。但是，智能手机和平板电脑上没有可自由编程的 I/O 端口，就此我们会在第 6 章详细补充说明。在这一章中，我们主要探讨简单的接口技术，你可以将这一技术应用在旧手机上。

4.1 拆卸手机

与智能手机相比，普通手机中组件的集成度没有那么高，所以更容易拆卸。更换 SIM 卡和电池是一件轻松的事情，无须专业工具，直接卸下手机后盖即可。有些型号的手机有后盖锁（如图 4-1 所示），解锁后即可轻松地卸下手机后盖和电池（如图 4-2 所示）。

图 4-1　最简单快捷的手机拆卸方法是向右轻推手机后盖锁，再卸下手机后盖

图 4-2　镍氢电池与手机后盖紧密贴合在一起。卸下电池后，你就可以看到里面的螺丝了

　　曾经的手机行业巨头诺基亚生产的老式手机就是通过卡锁固定后盖的，要打开后盖只需用指尖轻轻按压卡锁。卡锁常常位于机身的顶部（如图 4-3 所示）。

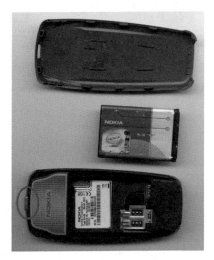

图 4-3　按压一下卡锁，手机的后盖就被拆下来了

　　要看到手机的振动电机（参见 4.2 节），你需要进一步拆卸（如图 4-4 所示）直到看到主板为止。此时，选择合适的螺丝刀至关重要，正确选择可避免拧花螺丝头导致螺丝无法拆卸（如图 4-5 所示）。拆卸完毕后，你就可以看到手机的电路板了（如图 4-6 所示）。

图 4-4　以诺基亚手机为例，进一步拆卸手机需要拧下 6 颗梅花螺丝

图 4-5 工具使用不当很容易造成螺丝磨损，螺丝一旦被拧花，拆卸螺丝就变成
　　　　一件非常费力甚至不可能完成的事情了

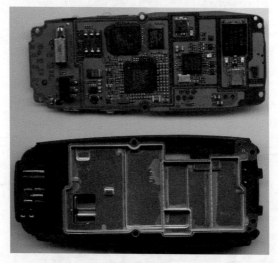

图 4-6 普通手机中所有的电子元器件都位于电路板上

　　以被拆卸的 HTC Wildfire S 型智能手机为例（如图 4-7 所示），把手机平放在桌上，用指尖或者一个塑料工具（手机撬棒）撬一下机身上方的凹槽就能将手机后盖拆卸下来。这种型号的手机没有专门的卡锁。

图 4-7　如果你注意到手机顶部的凹槽，那么手机后盖大多不需要使用工具就可以拆卸下来

　　拆下手机后盖后，你就可以看到手机的电池了，电池下面是 SIM 卡和 SD 卡的卡槽。还可看到 5 颗螺丝，其中 4 颗是梅花螺丝，1 颗是十字螺丝。

　　如图 4-8 所示，右下角的螺丝上有一个小封签，如果这个封签破损，手机就无法保修了。在不拆开封签的情况下，至少可以将 SIM 卡和 SD 卡从卡槽中取出来。

　　取下螺丝后，你可以拿一个类似拨弦片的工具或者手机撬棒（如图 4-9 所示）放在机身和盖板之间，撬开手机的第二层盖板。这个缝隙不好辨识，因为颜色不像黑色和银色那样容易区分，黑色盖板的边缘部分和机盖一样是银色的。

图 4-8 取出电池后，卸下 SIM 卡和 SD 卡，拧开 5 颗螺丝

图 4-9 用手机撬棒使盖板分离

在拆卸手机的过程中，最好把音量键和电源键的按钮盖（如图 4-10 中的 T1 和 T2）卸下单独放在一边，以免它们在后续操作过程中遗失。

扬声器位于被拆卸的黑色盖板上，它通过两个销钉跟主板相连（在闭路状态下），因此更换手机的扬声器轻而易举。

图 4-10 拧开一颗螺丝，断开 3 个排线连接（图中的 F1 ~ F3）后，就可以取下电路板了

4.2 免费的移动无线开关

老式手机没有任何可以生成信号以开闭设备的接口，而这对现在的智能手机来说就不是问题。智能手机有 WLAN、蓝牙和 USB 接口，因此可以购买与接口相对应的各式各样的系统（智能家居、家庭自动化）。像 Arduino 和 Raspberry Pi（树莓派）这样的开源硬件平台也支持这些功能的实现，并且给创客们提供了很多自由发挥的空间。

来电时，老式移动电话的扬声器会响，电机振动，显示屏亮起。如果把这些元器件用作输出开关，就能创造许多新功能，如可以开关设备：开关家里的电灯和收音机，或打开供暖器、门，激活车内采暖装置或车载报警器。

迄今为止，这种通过移动无线网实现的功能是免费的，因为用户只是使用了呼叫脉冲。对于信号接收器，推荐使用预付卡，比如德国电信的 Xtra 电话卡（SIM 卡），标价为 10 欧元，特价促销时只要 3 欧元。Xtra 的电话号码只有用户自己知道，所以不会被他人骚扰。

如果把扬声器信号用作控制脉冲，则必须把音量调得很高。这时，你需要对交流电压信号进行整流，一般在电路中加上一个二极管即可。然而，如果电压太低，就无法达到二级管的阈值电压（0.7 V）。连接耳机的音频插孔（参见 1.4.3 节）也是同理，如果电压不够，这两种方法都行不通。

一般而言，在来电时，你可以通过显示屏知道哪条线路是通路，但是更困难的是找到对应的线路，它一定是一条照明电路。在来电时，有些型号的手机也会同时亮起一个或几个按键，所以这些按键所在的位置也可能有信号接入。

然而，生成开关信号最好使用振动电机的两个触点（如图 4-11 所示），其中电机振动所需的直流电压约为 1 V，它允许通过的电流约为 20 mA。振动电机上有一个正极，一个负极，你可以检测出它们的位置。

图 4-11　振动电机的辨识度一般较高，你可以直接将两条电线焊接在两个触点上

4.2.1　光电耦合器

　　振动电机的负极是否等同于电源、电池和充电电路的地线，这点无从验证。因此，要为扬声器或者显示屏搭线，通过光电耦合器来实现手机电压和扩展电路的分流是很有必要的（如图 4-12 所示）。

　　此外，从电路技术角度看，手机中只有极少部分的剩余电流会流出，所以振动电机甚至无须拆卸，只要焊接两条电线（如图 4-11 所示）。

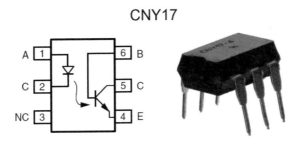

图 4-12　光电耦合器（如众所周知的 CNY17）包含发光二极管和光电晶体管，这是为了将两条开关电路隔离开来

4.2.2　开关信号

　　为了将振幅在 1 V 左右的瞬时脉冲转换成稳定的控制信号，你还需要掌握更全面的电路技术。接下来你需要考虑的是，开关信号能否产生，又是以怎样的形式产生的。开关信号的产生可以通过添加第二个脉冲来实现，其中需要明确定义各个应用开关的时间间隔，还要排除由于意外振铃信号交替干扰导致的错误指令。

　　我们并未把识别出控制信号后的自动回电看作常规的解决方案，这并不是出于成本考虑（当然，成本也是必须考虑的因素），而是因为很多手机没有这种自动化功能。一些老式手机（比如西门子）就有专门的回拨键，你可以通过开关（或者说继电器）从附加电路上控制回拨键线路，这意味着只需要在手机和电路之间接入两条附加电路。

4.2.3 使用 NE555 定时器芯片灵活控制开关

将定时器芯片（NE555）作为（单稳态）多谐振荡器接入电路是一个既稳妥又普遍适用的解决方案。这种应用范围极广的芯片是世界上销量最好的集成电路，自 20 世纪 70 年代起，这种芯片就被应用于各种技术中，很多公司给它起了各式各样的名称，但是名称中始终都包含数字 555（如图 4-13 所示）。

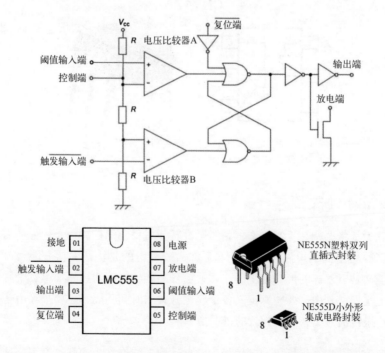

图 4-13　555 定时器芯片的内部构造、引脚和封装，它的核心部件是一个前方带有电压比较器的 RS 触发器

将互补金属氧化物半导体（节能）这项新兴的技术应用到电路中是

我推荐的一种做法。恩智浦半导体公司称 555 定时器为 ICM7555，而德州仪器公司将它命名为 LMC555，它的电源电压为 1.5 V ~ 15 V。当工作电压为 5 V 时，电路输出端的输出电流为 2 mA，足够点亮发光二极管。如果增大电流，你还需要将晶体管作为驱动级接入电路中。芯片既可以采用传统的 8 引脚双列直插式封装，也可以像表面贴装器件那样采用小外形集成电路封装、DGK 封装或球状引脚栅格阵列封装。555 定时器的具体结构与功能如表 4-1 所示。

表 4-1 555 定时器的引脚及功能

引脚	名　称	功　能
1	接地	接地（0 V）
2	触发输入端（低电平有效）	用于 RS 触发器的转接。如果触发输入端电压小于电源电压的 1/3，则输出端的电压为高电平
3	输出端	输出端，在电源（高电平）处或地线（低电平）处
4	复位端（低电平有效）	如果此端接低电平，定时器就处于停止或关闭状态
5	控制端	控制触发输入端和阈值输入端的电平。使用内置分压器（电压为电源电压的 2/3）可以改变脉冲宽度
6	阈值输入端	决定触发器的状态。阈值输入端的电压会与电源电压的 2/3 做比较。如果阈值输入端的电压更低，输出端电压也为低电平
7	放电端	用于电容器放电的集电极开路输出端。当放电端电压达到电源电压的 2/3 时，输出端电压由高电平转为低电平
8	电源	电源电压（1.5 V ~ 15 V）

经过光电耦合器（如图 4-12 和图 4-14 所示，以 CNY17 光电耦合器为例）的高电平脉冲被振动电机接收后，555 定时器触发输入端（引脚 2）启动，输出端（引脚 3）的电压由低电平转为高电平。

电路一直处于高电平状态，直到电容器（C_t）通过放电端（引脚 7）再次放电，同时阈值输入端也会发生联动作用。如果阈值输入端电压处于高电平，那么输入脉冲在一定程度上只是反相流到输出端。如果输入脉冲一直保持低电平，输出端就始终处于高电平。

控制端（引脚 5）承载高电平，此时无须被接通，然而，为了减小 555 定时器的振幅，需要通过一个电容器（10 nF）与地线相接。此时，电路未接入复位端，因此此端处于高电平，即 V_{cc}。

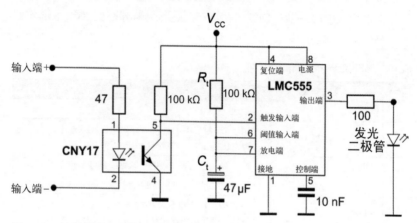

图 4-14 时控开关的电路

电容器 C_t 与电阻 R_t 组成的电路有一个时间常数，它的计算公式为 $\tau = R \cdot C$，其中时间的单位短至几毫秒，长至数小时。这就意味着，高电平脉冲通过触发输入端后，输出端的电压始终处于高电平。当电路接入一个 100 kΩ 的电阻和一个 50 μF 的电容时，所需时间约为 5 s；当电阻 $R = 1$ MΩ，电容 $C = 50$ μF 时，时间 τ 约为 50 s，以此类推。

如果你想改变电路设置，可以添加一个微调电容器，通过旋转开关来激活不同的电容器或改变电阻 R 和电容 C 的组合方式。也可以通过添加一个小型的指拨开关来连接相应的组合电路，在电路的接通位置上标记对应的电阻值，如图 4-15 所示的扩展电路。

如果将 50 kΩ 的电阻器（R_t）和有指拨开关的电容器同时接入电路中，就可以通过指拨开关来调节电容。两者既可以单独使用，也可以组合使用，电路接通时间从 50 ms 到 50 s 不等。如果将微调电容器调整到最大值，即当组合电阻值达到 1 MΩ 时，电路接通所需的时间从 1 s 到 16 min 不等。

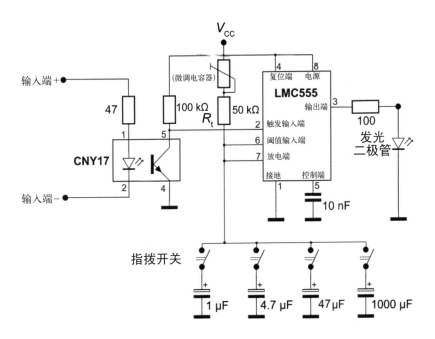

图 4-15   可以灵活设置时间的定时器扩展电路

4.2.4   工作电压与输出电路

电路的功耗随着使用的电源电压（V_{cc}）不断增加。电源电压的大小最终取决于连接定时器或者晶体管输出端的负载所需电压。如果（出于试验目的）我们只在电路中接入发光二极管（如图 4-16 所示），那么电源电压只需要 2.5 V 就够了。在绝大多数情况下，你可以选择性价比较高的 5 V 电源适配器。

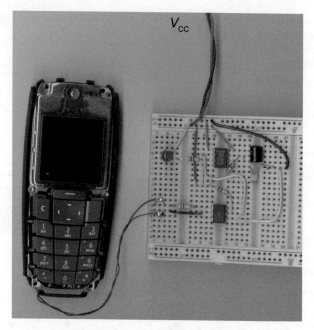

图 4-16 电路的典型结构，以一个发光二极管为负载

当电源电压为 3.5 V 时，电路（在无负荷的情况下）允许流通的电流约为 90 μA，电流消耗主要取决于负载大小，误差在几毫安之间。

当电源电压为 5 V 时，虽然定时器芯片的输出端电流只有 2 mA（出），但是它允许通过的电流可达 8 mA（进）。根据低电平有效原理，当电路负荷增大时，电路无须再接入一个晶体管也能正常运行。相应地，在定时器芯片的输出端接入的发光二极管或继电器与电源而非接地方向相反，所以输出端的电压在通路状态下必须处于低电平。电路在正常运行状态下，负载被接通，在受到脉冲刺激时，负载被切断。根据低电平有效原理，电平会发生翻转，这里展示的应用使用的工作原理恰恰相反，它运用的是高电平有效原理。

你需要 15 mA 的电流来连接小型继电器（如 5 V 的 SDS 继电器），此时可以在定时器输出端接入一个开关晶体管（型号为 NPN，如 BC549 等），以此来提高电源电压（如图 4-17 所示，可选择发光二极管或固态继电器或继电器）。如果电路的电源电压来自智能手机，则电压最大为 4 V，因此，此时电路无法接通 5 V 的继电器，因为电压在经过晶体管后还会有一定程度的下降。

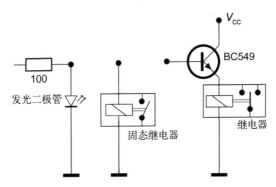

图 4-17 定时器的输出电路

4.2.5 继电器

常见的可以连接低电平信号的继电器有松下电器的 SDS 继电器和型号相似的舌簧继电器。因其结构紧密、质量可靠、接触电阻小，继电器常常被测量仪用来接收模拟信号（如图 4-18 所示）。

SDS 继电器规格不同（动合型、动断型和转换型），开关电压不同（3 V，5 V，12 V），有效负荷不同（最高为 1 A，110 V）。例如，SDS RS-5 V 的继电器需要至少 3.5 V 的电压，且要让触点进入初始状态，电压必须降到 0.5 V 以下。在工作状态下，这种继电器的功率约为 147 mW，最大工作电压为 13 V。

图 4-18 当触点 3 和 5 间的电压大于等于 3.5 V 时，就能接通继电器，使触点 4 和 7 相互连接

4.2.6 固态继电器

另一种创建输出级电路的方法是在电路中接入固态继电器。固态继电器的种类多样，根据不同的型号，固态继电器所需的载荷电流从 2 A 到 90 A 不等。使用这种固态继电器连接交流电轻而易举，它所需的驱动电流只有几毫安，且在电流流经固态继电器时不易发生损耗。固态继电器的构造原理如图 4-19 所示。

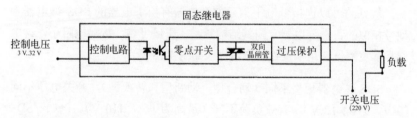

图 4-19 固态继电器的构造原理

在接通交流电（220 V）时，固态继电器必须连接正确，保证电源电压至少有 3 V（1.5 mA）。这与连接发光二极管所需的电压相同，因此这

两个组件可以（通过一个 100 Ω 的电阻）直接从定时器的输出端到地线间接入电路，如图 4-17 所示。

与机械继电器相比，固态继电器（如图 4-20 所示）的另一大优势在于，可以通过固态继电器的集成光电耦合器实现负载电路中控制电路的电流去耦。固态继电器始终在交流电压的过零点触发，这对负载来说至关重要。例如，如果白炽灯在交流电压刚达到最大值时接通，肯定无法长时间正常工作。固态继电器的劣势在于对超负荷极其敏感，而且无法完全隔离电源和负载，因为双向晶闸管（如图 4-19 所示）处于断路状态时，仍会有少部分剩余电流通过（电流为 8 mA～10 mA）。

图 4-20　一些常见的固态继电器，它们允许通过的最大电流各不相同

由于固态继电器直接连接 220 V 的电源电压以开闭电灯、电机或照相机等消费品，因此你需要特别小心，因为接触电压超过 220 V 会有生命危险。这种开放式连接仅限于测试，你要始终留意电源插头，避免误将接线接到电源电压上（如图 4-21 所示）。在作为手机控制开关灯的状态模拟器时，电路需要安全封装。

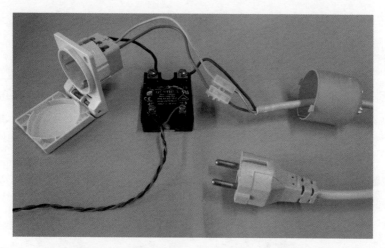

图 4-21 采用接线连接的固态继电器。请注意安全，不要随意触碰连接状态下的电源插头

　　在使用接通电源的设备创建电路时，最好使用漏电保护插头或内嵌漏电保护插头的接线板（如图 4-22 所示）。在测量过程中，如果发现电路或者设备中的流入电流不等于流出电流，那么电路或设备肯定出现了故障；也就是说，电流流到其他地方去了。如果电流流向用户端，漏电保护插头就会立即切断电路，以避免用户触电。

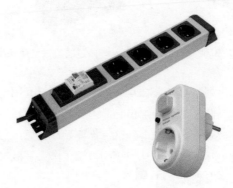

图 4-22 接线板中的漏电保护插头和适配器能够救命

4.3　无设备接入控制

当然，并不是每个人都愿意把手机拆开，再把电线焊接到振动电机上的。缺乏经验的电子爱好者可以用那些废旧手机练手。

我们在开始时就说过，显示屏也可以用来显示来电情况，当然我们很难找到对应的信号线，而且电路中的高低电平分别是怎样分配的，我们一般也无从得知。

光敏电阻

这时，如果回想一下光电耦合器（参见 4.2.1 节）的工作原理，你就会恍然大悟，智能手机是利用光信号，即手机触摸屏上的光源来控制脉冲的，而非通过电信号。

为了将光信号转换成电信号，智能手机需要嵌入一些组件，如光电二极管和光敏三极管，或者结构最简单的光敏电阻。光敏电阻根据光照强度来改变电阻值。如图 4-23 所示，光敏电阻的数值随着光照强度的增强逐渐减小，随着时间的推移，它的光照特性曲线呈现出对数变化的趋势。例如，当光线暗的时候，电阻值可以达到 350 Ω；而当光线亮的时候，电阻值只有 160 kΩ。

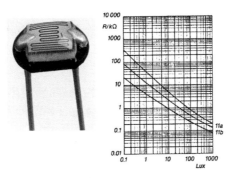

图 4-23　光敏电阻及其典型的光照特性曲线

光靠一个简单的光敏电阻（如图 4-24 所示）无法精确测量出光照强度。你还需要像 TPS852 或 TSL2561 这类专门的光照强度传感器，其中包括许多可以感知不同光谱的光电二极管、一个线性化处理器和一个模数转换器，这种传感器能够将测量值通过标准化的接口传输出去。

因为这里使用的光敏电阻只能大致辨别光线明暗，所以光敏电阻的型号不是最关键的。像波林电子公司生产的型号为 PFW1251 的光敏电阻价格就相当低廉。

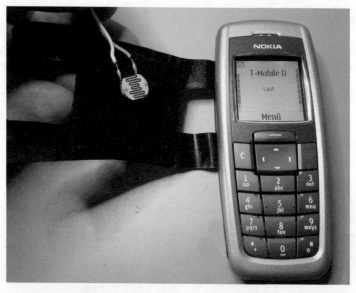

图 4-24　接入光敏电阻

现在我们把光敏电阻直接和绝缘带及其后面的黑色厚纸板一起粘在显示屏上。在正常情况下，显示屏是暗的，当来电时，显示屏变亮，光敏电阻的电阻值骤降。当光敏电阻与一个 NPN 型晶体管（如 BC549 等）相连时，晶体管能使输入信号反转，使来电脉冲再转换为低电平脉冲（输出电压），触发定时器电路（如图 4-25 所示）。

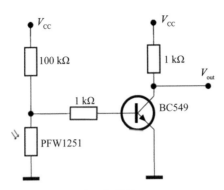

图 4-25　光敏电阻的电路可以用作手机信号

　　正如我们之前所说，如果仅将定时器电路的光电耦合器以及它的电阻电路替换为一个光敏电阻加上一个晶体管和两个电阻，电路就可以与可能的负载（发光二极管、继电器和固态继电器）形成通路。当然，这时无须接入其他设备，只需要将一个易拆卸、无残留物的绝缘带固定在光敏电阻上即可。

　　为了确定各个光敏电阻与电路的连接准确无误，你可以用一个万用表来测量光敏电阻，最好将它装在显示屏上，这样才能得到相应的明暗电阻值。

　　当电源电压为 5 V 时，明电阻值为 350 Ω，串联电阻为 100 kΩ，电流值为 50 μA（$I = 5\ \text{V}/100\ 350\ Ω$）；如果屏幕变暗，暗电阻值为 160 kΩ，电流值为 19 μA（$I = 5\ \text{V}/260\ \text{k}Ω$）。这时，电路就能接通 3 V 的晶体管（$V = 19\ \text{μA} \cdot 160\ \text{k}Ω$），而当晶体管的电压值为 17.5 mV 时，电路就无法接通。如果再接入一个光敏电阻，电阻值就会相应转换，使显示器的明暗切换顺利进行。

　　光电耦合器或光敏电阻的接口与电路板上的定时器电路和输出电路（如图 4-26 所示）相连，可以用跳线来设置理想的运行方式（如图 4-27 所示）。

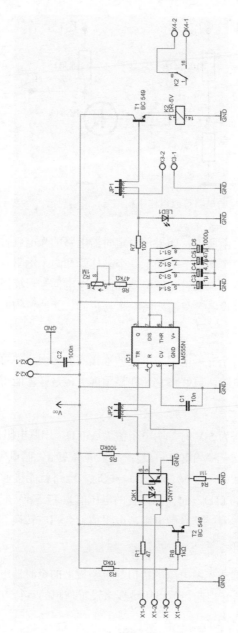

图 4-26 完整的定时器电路

图 4-27　定时器电路的装配电路板

4.4　稳压电源

无人值守的移动电话交换机、网络摄像头或传感器节点在正常工作时都离不开可靠的电源。当电池电量耗尽时，手机或智能手机大多需要外接电源（充电器）才能正常运行。但是，这种情况仅适用于嵌入式电池。如果电池有缺陷或者丢失又没有可替换的备件，智能手机就无法再使用了。当然，还有一种可能性，即使用电源，这样即使电池出现故障，智能手机也可以正常使用。

电源与电压调节器

然而，你不能使用智能手机的原装电源，因为它提供的电压通常为 5 V，高于智能手机为电池充电时的电压。而智能手机锂电池的触点可通过的最大电压为 4 V。锂电池的保护板上至少有三个触点，其中一个代表正极，一个代表负极（地线）。其余的触点用来确定电池的充电电量以及停止充电，在此就不赘述了（如图 4-28 所示）。

正极　　　地线

图 4-28　正负引线很容易找到，外置电源由此与设备相接

　　正负极各是哪一个触点呢？电池上大多印有明确的标识，正负极通常位于外侧。如果你不认识电池的标识，可以直接通过带有通断检测的万用表来确定触点的正负极，万用表在检测到智能手机的接地端时会发出蜂鸣声。这样就可以判断另一极为正极触点。

　　锂电池的电压一般为 3.6 V ~ 4 V，电源在这个范围内才能正常工作。3 V 的电压更加常见，但是此时，智能手机大多都无法正常运行。当电压超过 4.2 V 时，智能手机可能受损，因此，在连接电源之前，一定要用万用表检查一下电源的输出电压，确保万无一失。万用表最好直接与手机上的触点（见图 4-28）相连。

　　常见的可调节电源适配器（见图 4-29）的电压大多为 3 V 或 4.5 V，不会出现上面这种情况。这时，如果你在小电路中接入一个型号为 LM317 的电压调节器（见图 4-30），电路的输入电压就能达到 28 V。对于型号为 LM317 的电压调节器来说，输入电压至少要比理想的输出电压高 2 V，这样调节器才能持续稳定地工作。

图 4-29 可调节的电源适配器

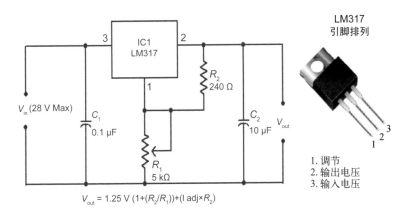

$$V_{out} = 1.25 \text{ V} (1+(R_2/R_1))+(\text{I adj} \times R_2)$$

图 4-30 LM317 可变电压调节器

5

智能手机中的传感技术

　　虽然智能手机和平板电脑都没有可供直接访问的通用输入输出接口，但它们有能够测量物理值的内置传感器。在第 6 章中，我将介绍如何通过 USB 为智能手机和平板电脑创建通用输入输出接口以及如何使用外置传感器。在这一章中，我们主要探讨广泛应用于各种应用程序的内置传感技术。

5.1 传感器功能一览

市面上的智能手机和平板电脑中的内置传感器，按照使用目的可以分为运动传感器、环境传感器、位置传感器和其他传感器。运动传感器是一些可以测量物体空间位移的集成传感器的统称。在运动过程中，利用传感器可根据智能手机的配置执行不同的指令，它也支持智能手机实现手势控制的功能。这一功能主要基于智能手机和平板电脑的显示屏的隐形坐标系，如图 5-1 所示。

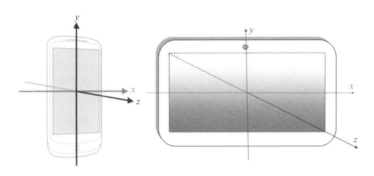

图 5-1　智能手机（左图）和平板电脑（右图）的坐标系

表 5-1 介绍了几款典型的运动传感器，并对它们的用途做了进一步说明。实际上，这里提到的传感器并不都是基于设备运行的。有时我们通过研究传感器的测量值就可以推导或得出各式各样的结论，例如，计步器就是基于线性加速度传感器的数值进行运算的，这种传感器可以通过记录手机有规律的振动推导出用户的行走步数。

方向传感器的数值可基于它所在模型中的其他数值推导出来，例如，智能手机所在的方位就是根据加速度传感器和地磁传感器的测量值共同计算得出的。如图 5-1 所示，设备在 x 轴方向上左右旋转；在 y 轴方向上前后旋转；如果设备旋转时在 z 轴方向上形成水平角，这就表明设备是往地磁北极的反方向旋转的。

表 5-1 运动传感器及其功能

类 型	实 现	测 量 值	单 位
加速度传感器	硬件	测量设备在地球引力作用下每个坐标轴上的加速度	m/s^2
线性加速度传感器	软 / 硬件	测量设备在去除地球引力后每个坐标轴上的加速度	m/s^2
陀螺仪	硬件	测量每个坐标轴的角速度	rad/s
方向传感器	软件	测量每个坐标轴的旋转角	度数
旋转矢量传感器	软 / 硬件	加速度传感器、重力传感器和陀螺仪的结合体	—
计步器	软 / 硬件	测量并计算自上一次设备重启后的步数	步数

如表 5-2 所示，环境传感器可以测量周围环境中的物理量。光线传感器和距离传感器大多是可见的，它们通常位于智能手机的前置摄像头旁（如图 5-2 所示）。当然，很多设备都不支持调取距离传感器的绝对值的功能，只能帮助用户感知物体距离的远近，传感器的检测范围为 5 cm ~ 10 cm。

表 5-2 环境传感器及其功能

类 型	实 现	测 量 值	单 位
设备温度传感器	硬件	测量设备内温	℃
重力传感器	软 / 硬件	测量设备每个坐标轴上实际受到的重力	m/s^2
光线传感器	硬件	测量周围环境的亮度	lux
气压传感器	硬件	测量气压	hPa, mbar
空气湿度传感器	硬件	测量空气中的相对湿度	%
磁传感器	硬件	测量每个坐标轴周围的磁通密度	—
距离传感器	硬件	测量距离	cm
脉搏传感器	软 / 硬件	测量人体心率	次 / 分（bpm）
环境温度传感器	硬件	测量设备外温	℃

前置摄像头

图 5-2　以三星 Galaxy S4 为例，它的光线传感器和距离传感器就位于前置摄像头的左侧

从安卓 4.0 起，智能手机的传感器开始监测电池的温度，不再支持设备温度显示了。在手机正常运行的状态下，电池温度与设备的实际温度相差无几。

智能手机很少通过内置传感器来测量脉搏，至少这在旧款手机中很少见。智能手机用户只需要将手指放在手机摄像头和 LED 闪光灯前就能得到准确的心率测量值了。

很多设备都装有支持精确定位的传感器，这种功能常常需要借助移动网络，但这只能提供大致的方位信息。如果要获取更精确的方位信息，就需要接收 GPS（全球定位系统）信号，它能够根据人造卫星信号及其空间距离实现短距离精确定位。如今，几乎所有智能手机都装有 GPS 传感器，读取所在方位的经纬度信息，实现精确定位；还能够显示所在方位的海平面高度、用户手持智能手机的角度和运动速度。

智能手机和平板电脑中还有一些其他的传感器，这些传感器并不像表 5-3 中列举的那么一目了然，比如显示屏其实也是一种传感器。如今，智能手机和平板电脑几乎只用电容式触摸屏。在使用智能手机和平板电脑时，你不需要用力按压显示屏，只需轻触甚至只要靠近它即可。这是因为手机周围的电场发生了改变从而形成了电子脉冲，通过控制软件就可得出电子脉冲所在的位置。这种触摸屏还支持多点触控和手势控制。

你还可以从麦克风上读取数据，它的工作原理与传感器相似。通过数字信号处理的算法可以从音频信号中获取各式各样的信息。

表 5-3　具备传感器功能的其他元器件

元　器　件	类　型	测　量　值
电池（监测）	硬件	充电状态，电压，温度
显示屏	硬件	触键灵敏度
相机	硬件	图片与视频
麦克风	硬件	声学信号
电流传感器	硬件	单个传感器的电流消耗（单位：mA）

　　每个内置传感器都有一个能够测量实际流通电流的电路，它能确定哪些传感器正在运行，哪些传感器是软件模拟出来的。测量电路能较为准确地测出电池的信息，如充电状态、实际电压和温度状况，还能对电池种类（如锂离子电池）和预期寿命进行评估。

　　一些传感器需要校准，尤其是运动传感器，如方向传感器，在未校准的情况下，它显示的数值通常是极不准确甚至是错误的。你可以通过手机设置菜单下的"其他 – 传感器 – 校准"选项对运动传感器进行校准，然而只有少数智能手机有这样的选项。或者你也可以通过用力摇晃手机激活校准选项，对设备进行校准，360 度快速摇晃手机（如手持手机在空中画 8 字）可以使手机自动校准。

5.2　实施与应用

　　加速度传感器、方向传感器、重力传感器、GPS 和相机都属于传感器，它们几乎适用于所有设备。智能手机的距离传感器中还有一个接近传感器，但是它在平板电脑中比较少见。总体上看，陀螺仪、旋转矢量传感器以及磁传感器不太常用。光线传感器、温度传感器、气压传感器和湿度传感器的使用率更低且大多只出现在新式手机中。内置的计步器也常常被加速度传感器所取代。

　　可穿戴设备指的是一种专业设备，从硬件和软件技术上看，它也可看作智能手机或平板电脑的衍生品，比如基于安卓操作系统和脉搏传感器的智能手表，使用这种传感器是因为健身行业对数据准确性提出了更高的要求。表 5-4 展示的就是各种传感器典型的应用，其中的符号代表适用性等级：++ 最高，其后依次是 +/-/--。

表 5-4　设备中传感器的典型应用

类　型	适　用　性		
	智能手机	平板电脑	可穿戴设备
显示屏，相机，麦克风	++	++	--
加速度传感器	++	+	++
重力传感器	++	++	-
方向传感器	++	++	+
GPS，电流传感器	++	++	+
光线传感器	++	+	-
距离传感器	++	+	--
陀螺仪	+	+	--
磁传感器	+	+	-
旋转矢量传感器	+	+	-
设备温度传感器	+	-	--
气压传感器	+	-	-
相对湿度传感器	+	-	--
环境温度传感器	-	-	-
脉搏传感器	-	-	++
计步器	-	-	++

　　每个运行中的传感器都可以被专门的应用程序或后台服务调取出来。有些厂商还在设备中预装了一些应用程序，让用户能够直接使用诸如脉搏传感器或计步器的功能。虽然传感器各有各的用途，但是确定各个设备中到底有哪些传感器更有意义，因为这并不总是一目了然的。

　　有时可以通过特定的（即厂商指定的）组合快捷键获取传感器及

其测量值，例如你在三星智能手机中输入 *#0*# 就能调出传感器的数值（如图 5-3 所示）。此外，也有 Sensoren Multitool 这种专门的应用程序（如图 5-4 所示），可详细列出各种传感器参数并以曲线图的方式呈现。

 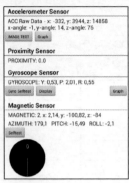

图 5-3　三星 Galaxy 手机中的传感器

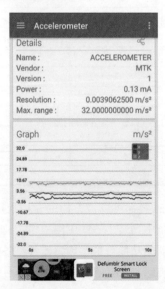

图 5-4　应用程序 Sensoren Multitool，此时显示的是加速度传感器的数值以及程序自带的广告

当使用智能手机或平板电脑时，内置传感器首先要执行相应操作，实现各种各样的应用功能。把手机或平板电脑由竖放改为横放，利用运动传感器（参见表 5-1）能让手机界面上的读数跟着旋转，也能支持App 模拟方向盘和油门踏板的功能，还支持水平仪功能（参见图 5-5）或者能在晃动设备时完成一项随机的操作，如随机播放一首乐曲。

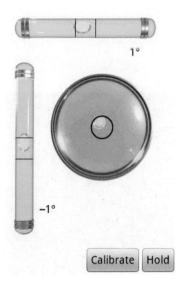

图 5-5　著名的 App 水平仪使用的就是运动传感器

利用光线传感器，可实现根据光线自动调节显示屏亮度的功能。在将手机放到耳边通话时，接近传感器能触发自动锁屏功能，避免因触摸屏灵敏度高引起的误操作；而把手机的显示屏朝下放到桌面上时，手机会自动静音。

5.3　处理传感器信号的 App

我们需要创建一个既能识别和获取内置传感器，又能通过美国微芯科技推出的 PIC24 单片机开发板（参见 6.8 节）连接外置传感器的 App。

我们在本章涉及内置传感器以及 App 最核心的部分，再加上一定量的代码示例，你就能清楚地了解内置传感器的工作原理和构造了。由于篇幅有限，我并未将完整的源代码放在书中，而且在我看来，这样做的意义不大，你完全可以从出版社的服务器上获取这些源代码。

调用获取内置传感器的功能后，设备支持的所有传感器就全部显示出来了。同时，后台程序会检验该设备中有哪些传感器是可用的且能被 App 调用。如图 5-6 所示，不可用的传感器被标记成了灰色，因此这些传感器不会被设备启用。

图 5-6   三星 Galaxy Note 平板电脑中的传感器

每个可用传感器都有自己的布局图，其中传感器的数值一目了然。图 5-7 展示的是一款加速度传感器。图中的平板电脑是被平放在桌面上的，然后向左向右移动，在 x 轴方向上产生一个很大的加速度，即图中红色标记。平板电脑围绕着 z 轴旋转，陀螺仪因此受到影响，如图 5-7 右图所示。

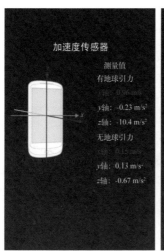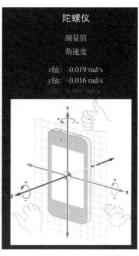

图 5-7　加速度传感器和陀螺仪的展示界面

此外，一些传感器还附有应用实例，这使得传感器的用途一目了然，我们在这里展示一些简单的应用。如图 5-8 所示，方向传感器的应用实例是水平仪，磁传感器的应用实例是指南针，计步器将用户行走的步数做出了可视化效果。

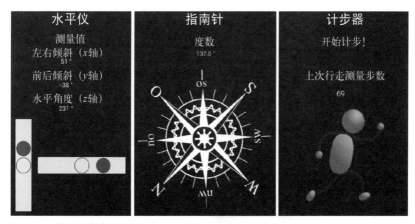

图 5-8　在应用中实现水平仪、指南针和计步器

此外，如图 5-9 所示，GPS 服务也可以调用出来，电池数值和单个传感器的实时电流消耗可以计算并显示出来。同时，各个传感器芯片的名称也会显示出来，这些信息非常有用。例如，加速度传感器和陀螺仪的运行都离不开 LSM330DLC 芯片。

图 5-9　GPS 和电池数据以及详细的传感器参数概览

对方向传感器、重力传感器、线性传感器、加速度传感器和旋转矢量传感器而言，我们无从查证它们是否是基于物理学原理运行的，是否只能显示类型以及传感器是否基于软件计算得出。然而显而易见的是，这些传感器都是通过 iNemoEngine 软件进行再处理和筛选的。这是意法半导体公司开发的一款专门的软件，适用于该公司的传感器。

像温度传感器、湿度传感器、接近传感器、气压传感器和光线传感器这些简单的环境传感器只能实时显示测量值（如图 5-10 所示）。

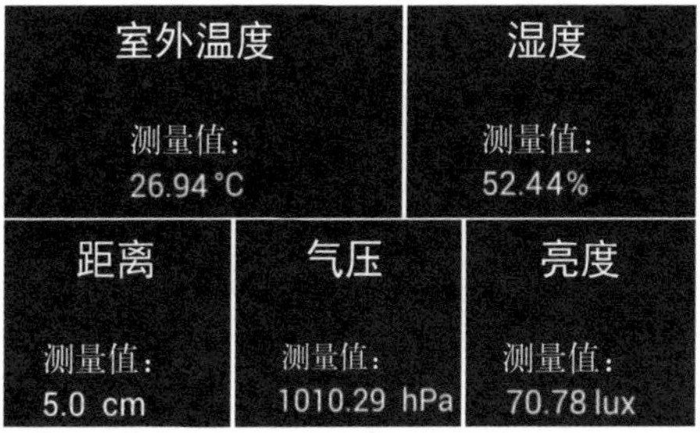

图 5-10　环境传感器的测量值显示

5.3.1　传感器的可用性检验

在编程时，你首先要确定哪些传感器是可用的，然后再调取传感器数值。安卓系统通过传感器管理器连接传感器。传感器数值被调取后，你就可以直接读取并处理传感器数值了。如果你想查看系统中有哪些传感器，可以使用 getSensorList() 的方法获取系统传感器的信息。

```
// 连接传感器管理器
SensorManager sensorManager =
            (SensorManager)getSystemService(Context.SENSOR_SERVICE);

// 生成传感器列表
List<Sensor> SensorenListe =
            sensorManager.getSensorList(Sensor.TYPE_ALL);
```

你可以用这种方法检验特定的传感器类型：

```
for(Sensor s : SensorenListe)   // 逐一检查列表各项
{
  switch(s.getType())           // 比较和确定其传感器类型
  {
    case Sensor.TYPE_GRAVITY: s_Gravitation = s; break;
    case Sensor.TYPE_GYROSCOPE: s_Gyroskop = s; break;
    case Sensor.TYPE_LIGHT: s_Licht = s; break;
    [...]
```

```
    }
}

if(s_Gravitation != null)          // 当重力传感器存在时
{
                                   // 显示其数值
}
```

这段代码通常适用于设备中所有真正可用的传感器，不包括显示屏、相机、麦克风、GPS 和电池这类系统组件。检验这类组件需要调用软件包管理器，它能提供系统组件的相关信息以及合适的调用路径。这里以检验 GPS 为例。

```
Context context = this;
// 连接软件包管理器
PackageManager packageManager = context.getPackageManager();

// 检查GPS状态
if(packageManager.hasSystemFeature(PackageManager.FEATURE_LOCATION_GPS)
    == true)
{
    // 显示其数值
}
```

5.3.2　传感器数值的调取

读取传感器数值需要再次启用传感器管理器。此时，可以以将获得的传感器对象保存在一个变量中。以下代码展示的就是接近传感器的工作原理。

```
// 连接传感器管理器
SensorManager mSensorManager =
            (SensorManager)getSystemService(Context.SENSOR_SERVICE);

// 连接距离传感器
Sensor sensor_Naeherung =
      SensorManager.getDefaultSensor(Sensor.TYPE_PROXIMITY);
```

5.3.3 传感器数值的处理

在传感器管理器处于激活状态时，如果已有的数值发生变化，系统就会调用 OnSensorChanged 事件，程序执行相应的指令。系统仅通过某一特定传感器的状态变化就能甄别出执行当前指令所需的传感器类型。如果检测出与之相匹配的传感器，系统就能将接收到的传感器数值复制到自己的数组中并输出。

```
public void onSensorChanged(SensorEvent event) // 当某个传感器数值发生变化时

{
    if(event.sensor == sensor_Naeherung)       // 启用的传感器是否正确?
    {
        float[] Sensorwerte;                    // 传感器数组
        Sensorwerte = event.values.clone();     // 将传感器数值复制到数组中
        [...]                                   // 进行处理并输出
    }
}
```

5.3.4 App 的最小化与终止

正如我之前所说，在进行 App 编程时，你应该注意其生命周期，了解怎样将 App 转入后台执行等诸如此类的操作。为保证 App 处于最小化状态或被终止后台进程时不再读取传感器数值，即当发生变化时不下达新的指令，必须移除注册到传感器上的所有侦听器，这样才能减轻处理器的负担，最终也能避免电池电量产生损失。

对此，安卓系统中有很多事件处理程序，其中最重要的两个方法是暂停（onPause()）和恢复（onResume()），它们既可以在 App 开始和结束时调用，也可在 App 最小化和最大化时触发。当 App 执行暂停方法时，应移除传感器管理器（SensorManager）中注册的所有侦听器；当 App 执行恢复方法时，重新向传感器管理器注册侦听器。以下代码就是接近传感器的执行代码。

```
protected void onPause()                    // 当App执行暂停指令时

{

    mSensorManager.unregisterListener(this); // 从传感器管理器中移除侦听器

    [...]
}
protected void onResume()                   // 当App执行恢复指令时

{

    mSensorManager.registerListener(this,
    sensor_Naeherung,SensorManager.SENSOR_DELAY_NORMAL); // 重新向传感器
                                                          // 管理器注册侦听器

    [...]
}
```

对于相机或电池这样的系统组件来说，读取数值的方法还未标准化，因此你需要采用专门的编程方法。表 5-5 展示了各个系统组件用到的类。

表 5-5　几种与系统组件通信的程序类，这些组件同样起着传感器的作用

类　　型	类　　名	执行暂停 / 恢复指令？
电池（监测）	BatteryReceiver	是
显示屏	MotionEvent	不
相机	MediaStore	不
麦克风	MediaRecorder	是
位置服务（如 GPS 等）	LocationManager	是

6

数字接口

　　智能手机和平板电脑最核心的组成部分是微控制器或片上系统，它们的基本功能是数字信号的输入与输出，这一功能能够实现智能手机和平板电脑与存储器、SD 卡或触摸屏的通信。智能手机和平板电脑上没有通用输入输出接口，只有 USB 接口，本章主要探讨如何利用 USB 接口实现数字通信相关功能。

6.1 数字输入输出接口：GPIO

Arduino 和树莓派（如图 6-1 所示）这样的开源平台提供了各式各样易于编程的数字输入输出接口，它们也被称为通用输入输出（GPIO）接口。

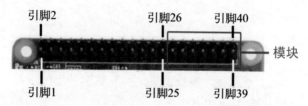

图 6-1 在树莓派模块中，通用输入输出接口的线路可以直接连到电子元器件的电路板上

GPIO 是很多微控制器或接口的简称，从字面意思上看，你根本看不出它与单个信号及其电子数据或编程方式有什么关联。GPIO 接口的种类繁多，其中大多用于连接电子电路，最简单的例子是用来输出信号的发光二极管和用来输入信号的开关。从理论上看，GPIO 接口相当于一个并行端口，也就是说，好几条电路可以同时接入，并行传输信息。GPIO 接口（或者说并行接口）与串行接口（参见 6.2 节）可以实现单一线路上的最小化数据传输，它们是微控制器的两个基本接口。智能手机和平板电脑上既没有通用输入输出接口，也没有串行接口，只有 USB 接口。从6.5 节开始，我会讲述如何通过 USB 来创建相应的接口。

6.2 串行接口：UART

绝大多数微控制器中嵌有通用异步收发器（UART），它是为实现串行接口而设计的。我们把它称为串行端口（Serial Port）、串行通信端口（COM Port）或 RS232 接口，它是很多设备的标配。

常见的串行数据传输原理以异步模式为基础，与同步模式相反，异步模式不使用时钟线。待传输数据前有一个起始位（ST，低电平有效），数据本身一般由 7 个数据位（美国信息交换标准代码，ASCII）组成，其中最低有效位 LSB（D0）最先输出（如图 6-2 所示）。

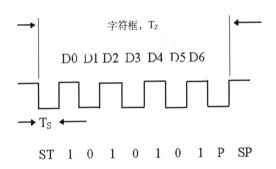

T_S = 阶跃时间
ST = 起始位
P = 奇偶校验位
SP = 停止位（在这里用于校验偶数）
T_Z = 一个字符框的传输时长

图 6-2 ASCII 字符"U"（55H）的异步传输示例

字符结尾大多有一个或两个停止位（SP），它们被标记为高电平有效（逻辑 1）。如果传输过程中出现停顿，则数位中插入一个逻辑 1（Mark），并传输奇偶校验位（P）来识别传输过程中的错误信息。通信双方必须设置相同的传输参数，如相同的速率（波特率），以及相同数量的数据位、停止位和奇偶校验位等。

最简单的串行接口仅由三条线组成（如图 6-3 所示）：一条接收数据 RD（Received Data），常用 RxD 来表示；一条发送数据 TD（Transmitted Data），用 TxD 来表示；还有一条是地线（GND）。

TxD

GND

RxD

USB

图 6-3 一条简单的 TTL-USB 适配电线，它的三条线与插口上的触点相接

　　典型的连接方式是在个人计算机与树莓派开源平台之间，或无线模块与微控制器之间建立连接，这时，正确排列收发线路至关重要，要么是两条线路对应连接（RxD 与 RxD 连接，TxD 与 TxD 连接），要么是两条线路交叉连接（RxD 与 TxD 连接，TxD 与 RxD 连接），这无疑是由设备本身和适配器的参数决定的。

　　除了这种简单的连接方式外，还有很多其他的可能，为此需要其他信号（如 RTS、CTS、DSR）来提高两个通信单元之间的传输安全性，当然，这两个通信单元也必须能够支持其他信号的收发。但在实践中大多情况并非如此，所以存在未使用的线路或"桥接"线路来使数据正常传递。

　　此外，确定串行接口的工作电平至关重要。UART 信号是 TTL 电平信号，而 RS232 标准规定 +12 V 是低电平，−12 V 为高电平。个人计算机放弃使用 RS232 标准的 COM 端口已经有一段时间了。如果有需要，你可以使用个人计算机上的 USB 转串口驱动，它看起来就像个人计算机上的虚拟 COM 端口，从原理上看，它像是一个物理串行接口，可以与 Windows 终端程序相连。

USB 适配器包括一个微控制器和一个电平转换器，它可以与飞特帝亚公司或旺玖科技股份有限公司开发的芯片一起实现从串口到 USB 或从 USB 到串口的协议传输和信号传输。从外观上看，你根本无法了解这种适配器或适配电线的功能，因为它有各式各样的型号和信号线（RS232，TTL 1.8 V，TTL 3.3 V，TTL 5 V），工作电平也各不相同。

RS232 接口主要通过一个 9 引脚的 DSUB 串口连接外部设备，而基于 TTL 电平的 UART 传输方式主要用于短距离芯片到芯片的传输（如图 6-4 所示）。当收发方的 TTL 电平相同时，无须进行电平转换，如飞特帝亚公司推出的安卓应用（参见 6.7 节）或树莓派和 Arduino 开源硬件平台的连接都属于这种情况。

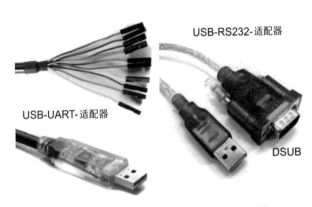

图 6-4 左边是 USB-UART 适配器，右边是 USB-RS232 适配器

6.3 集成电路总线

集成电路（I²C）总线最初是飞利浦公司为连接外围芯片而开发的一款双向串行总线系统。出于许可考虑，一些公司用其他名称来表示集成电路总线，比如爱特梅尔公司把它称为双线接口（Two Wire Interface，TWI）。表 6-1 介绍了集成电路总线系统运行时的几种时钟频率及数据传

输速率。这视集成电路总线芯片而定，而哪种运行方式是可行的始终由系统的主机决定。

表 6-1   集成电路总线系统的运行方式

模　式	频　率	数据传输速率
标准模式	100 kHz	100 kbit/s
快速模式	400 kHz	400 kbit/s
快速模式 Plus	1 MHz	1 Mbit/s
高速模式	3.4 MHz	3.4 Mbit/s
超速模式	5 MHz	5 Mbit/s

一般而言，微控制器是集成电路总线系统的主机，原则上各式各样的集成电路芯片都可以接入总线，比如传感器可以与相应的集成电路接口相连来测量温度、加速度和光照强度。理论上，也可能出现多个主机的情况，然而这是个例，这里我们就不进一步展开讨论了。

集成电路总线系统只由两条信号线组成，一条是串行数据线（SDA），另一条是串行时钟线（SCL）。时钟信号通过串行时钟线进行传输，数据通过串行数据线进行收发和传输。主机和从机都可以发送数据。

所有连接到总线的组件都有一个集电极开路输出端，所以信号线和电源（V_{DD}）之间需要上拉电阻（R_p）。根据低电平有效原理形成一个"线与"电路，也就是说，位于连接组件输出端的晶体管在激活状态下将信号线拉至地线（逻辑 0）。如果晶体管处于未激活状态，信号线借助上拉电阻与电源（V_{DD}）相对（逻辑 1）。图 6-5 展示的就是集成电路总线系统的基本架构。

图 6-6 展示了主机和从机之间单字节和多字节的读写操作过程。一个数据单元的长度为 1 字节，一个地址的长度为 7 位，因为读写指令使用的是字节的最低有效位（Least Significant Bit），理论上，它支持 128 位地址长度。然而，其中 16 位地址已经被占位了，所以，通过集成电

路总线一共可以连接 112 个地址不同的组件。

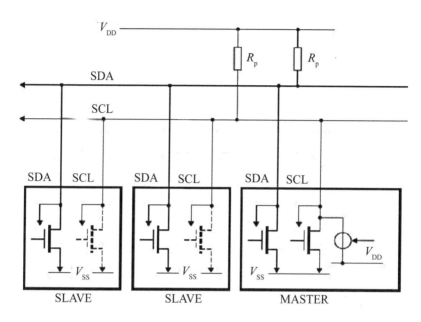

图 6-5 典型的一主多从模式集成电路总线系统

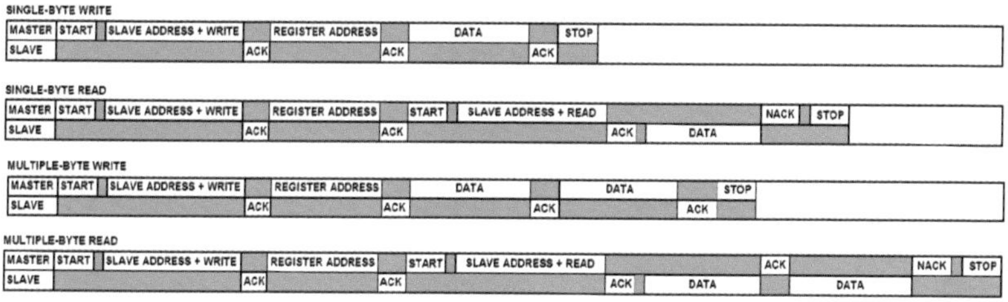

图 6-6 通过集成电路总线进行单字节和多字节读写操作的过程

    读和写的操作过程非常相似。在写操作中，主机发送起始信号，接着直接将 1 字节的 7 位从机地址和 1 位写指令发送到从机。如果从机发送确认字符（ACK，Acknowledge）到主机，主机会发送需要执行写操作的寄存器地址。等从机再次确认后，主机发送数据。数据接收完成，主机会发送停止信号。如果需要写入多个字节，主机会继续发送下一个数据单元。

读操作中，在确认从机接收寄存器地址后，主机再次发送带下一个从机地址和读取指令的起始信号到从机。从机确认后，会发送数据到主机。在多字节的读操作中，主机发送确认通知到从机，以便能够接收更多字节的数据，或者主机停止读操作，发送无应答信号（NACK，No Acknowledge）和停止指令到从机。

图 6-7 展示了通过集成电路总线传输数据的时序，从中可以看出起始指令或停止指令需要具备的条件。起始指令要求 SCL 线路必须为逻辑 1，SDA 信号位于下降沿，而停止指令要求 SDA 信号位于上升沿。

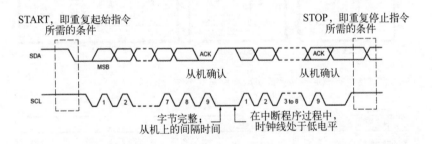

图 6-7 集成电路总线数据传输的时序

6.4　串行外设接口

串行外设接口（SPI）是摩托罗拉公司开发的一款同步接口，它主要用来支持微控制器和外围组件之间的通信。原则上，它的功能相当于集成电路总线。话虽如此，但串行外设接口本身不是总线系统，因为每个 SPI 单元都需要一条自己的线路（SS），而且没有任何关于最大传输距离、数据传输速率、上拉或终止操作的定义。

串行外设接口遵循的标准非常"宽松",每个需要使用的 SPI 单元都需要准确的验证。在 SPI 的标配中,主机和从机之间有两条控制线和两条数据线,它允许全双工通信,应用如下:

- SS:Slave Select,片选信号线。
- SCK:Serial Clock,串行时钟。
- MOSI:Master Out Slave In,主出从入引脚。
- MISO:Master In Slave Out,主入从出引脚。

理论上,很多设备都可以接入总线,但其中只有一个是主机。每个设备在主机和从机之间都有一条自己的 SS 控制线,主机通过这条控制线来选择从机(如图 6-8 所示)。

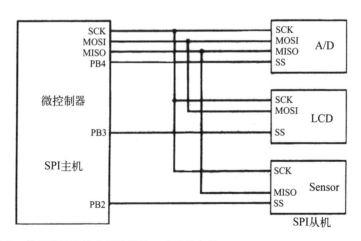

图 6-8 带三种从机的串行外设接口系统的架构

带 SPI 接口的组件种类繁多,从简单的移位寄存器到传感器和转换器(A/D,D/A),从显示屏再到微控制器。移位寄存器的基本原理适用于所有串行外设接口组件,虽然有些组件并未引导所有 4 条信号线。指令代码和数据值通过信号线依次被发送出去，输入移位寄存器，然后在组件中等待进一步处理。移位寄存器的长度并不是固定的，需要视具体情况而定。

主机产生时钟信号，通过各自的 SS 线路来确定与哪个从机进行通信，线路处于低电平。在空闲状态下，信号线处于高阻状态，组件与总线的连接断开。紧接着，主机把 1 字节数据发送到从机，从机再根据不同的组件型号发送 1 字节其他数据到主机（MISO）。一些寄存器需要上升沿来移位，而另一些寄存器需要下降沿。

为了给数据信号分配正确的时钟信号，你可以用时钟极性（CPOL）和时钟相位（CPHA）两个参数来设置各个数据的传输模式，在微控制器中，这些模式通常由相应的寄存器来运行。如表 6-2 所示，串行外设接口总共有 4 种不同的运行方式。

表 6-2　串行外设接口的运行方式

模　　式	时钟极性	时钟相位
0	0	0
1	0	1
2	1	0
3	1	1

当时钟极性等于 0 时，时钟线（SCK）在空闲时处于低电平，即高电平有效；当时钟极性等于 1 时，时钟线在空闲时处于高电平，即低电平有效。时钟相位表示的是数据采样处于哪个时钟脉冲边沿。当时钟相位等于 0 时，数据采样处于时钟脉冲的第一个上升沿；当时钟相位等于 1 时，数据采样处于时钟脉冲的第一个下降沿。

图 6-9 举例说明了 SPI 数据传输的控制过程。每个时钟周期都有一位字节传输。8 个时钟周期结束后，数据传输通常就终止了。基本上，这个数据传输过程也支持多字节数据的交替传输。当 SS 信号再次回到

高电平时，数据传输过程就结束了。

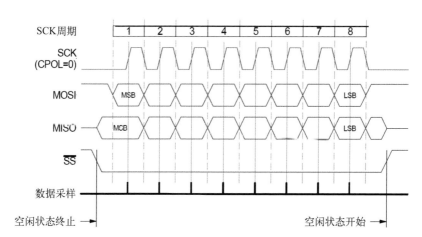

图 6-9　SPI 模式下的数据传输为零。数据在第一个上升沿写入

6.5　USB OTG 通信

我们在 1.4 节已经说过，通用串行总线是与外围设备通信最常用的接口。其中提到 USB 系统始终只有一个主机，主机具有配置系统和传输数据的功能。

6.5.1　USB OTG

在通信过程中，主机并不总是发挥全部功能，USB 2.0 升级版因此应运而生，也就是 USB OTG（On-The-Go）。（比如为了让一台打印机通过 USB 接线直接与数码相机相连打印照片，在便携式 USB 单元中就不需要个人计算机充当主机的角色。）

OTG 设备采用两种专门的协议（会话请求协议和主机协商协议），这些协议无法识别常见的 USB 设备，但是它能简化现有的 USB 协议。

原则上，USB OTG 可以使用 USB 的所有传输率，支持所有的设备，也支持 USB 3.1 版的超高速或超高速 + 模式。但是 OTG 设备大多采用的仍为 USB 2.0 的迷你接口或微型接口。

6.5.2 配件模式与主机模式

几乎每台把安卓系统作为操作系统的平板电脑和智能手机都有一个 USB 接口。在设备中运行的 USB 控制器电路能够支持 USB 配件模式或 USB 主机模式。

绝大多数的智能手机和旧式平板电脑仅能支持 USB 访问模式；也就是说，在一定程度上，它们充当着 USB 记忆棒的作用，能与个人计算机连接进行数据交换。然而，它们无法承担主机的功能，接入的 USB 记忆棒或其他 USB 设备无法正常工作。

有了 USB OTG 后，这种一成不变的分配方式在一定程度上得到了改进。理论上，即使没有 PC-USB 主机，两台 USB 设备也可以直接进行通信。这种方式适用于平板电脑和智能手机的程度并没有明确的规定，你只能将这些设备按照 USB 配件模式和 USB 主机模式来加以区分（如图 6-10 所示）。

图 6-10　一个应用 USB 主机模式的适配器（OTG 设备用）

除了用于配件模式的常用微型 USB 接口外，一些平板电脑有时还有一个直接支持主机模式的专用 USB 接口，对这类设备来说，两种模式都是可行的。对于智能手机而言，主机模式不太常见，但有些型号的智能手机可以通过 OTG 适配器支持主机连接 USB 键盘。

6.5.3 开放配件模式

自 2011 年 10 月安卓 3.1（蜂巢系统，Honeycomb）问世以来，安卓系统开始支持 USB 主机模式，这说明 USB 主机模式有了软件技术支持，但是平板电脑或智能手机的硬件对软件技术的利用率还要视设备自身的情况而定。

无论安卓设备是否支持 USB 主机模式，当外接硬件充当 USB 主机的角色时，这些设备都存在通过 USB 与外接硬件通信的可能（如图 6-11 所示）。

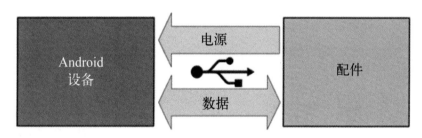

图 6-11　外接设备（配件）承担主机功能和供电功能

开放配件协议（Open Accessory Protocol）是安卓设备与外接 USB 主机之间通信的基础。开放配件协议的功能更新后可向下兼容到姜饼系统（V2.3.4），所以旧版的安卓设备也可以使用新的功能，与外接硬件进行通信。从主机上看，每个平台（如 Arduino、FTDI、PIC24F 等）都需要相应的软件支持，比如 Arduino 开源硬件平台有 USB 主机扩展板（USB Host Shield）和安卓配件（Android Accessory）等数据库的支持，在下文中我们会详细介绍。

　　当支持开放配件协议的外围设备连接到安卓设备时，外围设备首先会发送厂商请求到安卓系统，检测安卓设备是否支持开放配件模式。如果安卓设备支持该模式，开发板再发送它的描述符（字符串）进行进一步验证，否则通信停止，整个运行过程结束。

　　如果通信继续，外围设备会再次发送 USB 厂商请求来激活开放配件模式（如图 6-12 所示），重新认证安卓设备。一旦安卓设备被认证为开放配件模式设备，它就有了控制端点、USB 批量输入端点、USB 批量输出端点以及 USB 全速（12 Mbit/s）接口。

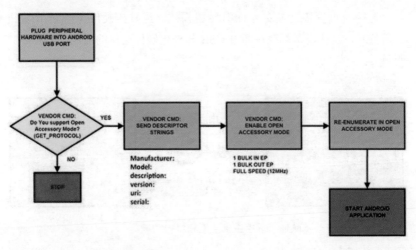

图 6-12　激活开放配件模式

　　设备在开放配件模式下无须使用驱动程序，因为每个兼容的 USB 主机都有一系列字符串描述符（制造商、型号、版本、描述、统一资源定位符、串口），安卓操作系统能够读取这些信息，在设备连接后自动启动相关应用。因此，你无须对安卓设备进行特殊配置或解锁 Root 权限，因为这可能导致智能手机或平板电脑无法保修。

为了确保安卓设备的 App 能够使用 USB 接口，尽量不要更改项目（清单文件）中的设置文件。在连接安卓智能手机时，系统需要检验安装的 App 是否支持这种连接方式：如果不支持，微控制器会发送通知到安卓设备；如果支持，系统会询问是否可以打开该程序并连接 USB（如图 6-13 所示）。

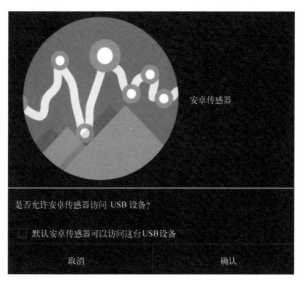

图 6-13　询问是否允许 USB 连接

6.5.4　USB 主机一览

无论安卓设备是否支持 USB 主机模式，当外接硬件作为 USB 的主机时，这些安卓设备都可以通过 USB 与外接硬件进行通信。为此有各式各样的解决方案，最重要的几个解决方案如下。

- 谷歌的 ADK 2011 配件开发工具包。它基于 Arduino-Mega 板，包括发光二极管、控制杆（Joystick）以及光线传感器和温度传感器等。

- 谷歌的 ADK 2012 配件开发工具包。它基于 Arduino-Due 板（ARM Cortex M3），包括微型 SD 卡槽、各式各样的传感器并支持蓝牙。
- 飞特帝亚公司开发的安卓 USB 主机评估工具包（UMFT311EV）。它以 FT311 芯片为基础，是 USB 和本地接口之间的桥梁，你可以选择以下几种接口类型：UART 接口、I^2C 接口、SPI 接口或 GPIO 接口（带脉冲宽度调制功能的 7 种输入输出端口）。
- 微芯科技公司开发的配件开发工具包（DM240415）。它基于具有 USB OTG 功能的 16 位微控制器（PIC24F）。开发板上有四个开关、八个发光二极管、一个电位器、一个电池充电电路以及容纳扩展板（Arduino 类型）的扩展口。启动包的组成部分为一个 PICkit3 编程器 / 调试器。此外，微芯科技还在开发板上推出了一个带 PIC32 微控制器的扩展安卓包（DM320412），它有各式各样的输入输出槽，无须独立的编程器。

6.6　基于开源平台的安卓系统

2011 年，谷歌公司推出了第一个配件开发工具包（ADK），其中包括一个 Arduino 板和外围组件（Demo Shield）以及这些组件所需的软件（Java、Android SDK、Eclipse、Arduino IDE）。现在已经买不到这个工具包以及 2012 年上市的下一代工具包了。当时谷歌推出的工具包数量极少，上市没多久就停产了。它们只是用来演示安卓设备与外接硬件通信的可能性，因为在互联网上可以找到相关软件，且通信所需的基本硬件也都是有名公司开发的常见 Arduino 板。

谷歌 ADK 2011 需要 Mega ADK 板（如图 6-14 所示），而谷歌 ADK 2012 需要 Due 板。理论上，还需要一块（兼容的）Arduino 板，然而它必须具有 USB 主机的功能，并且支持我们之前提到的开放配件协议。你可以选择 SparkFun 公司的 IOIO 板、微芯科技的 DM320412，也可以选择泛内尔（Farnell）和得捷电子（DigiKey）的 mbed 模块。

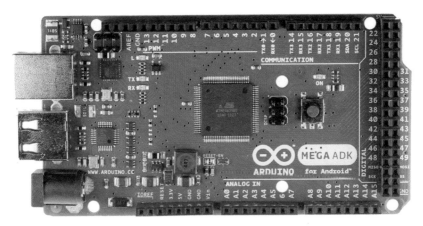

图 6-14　Arduino Mega ADK 开发板可以用作 USB 主机来与安卓设备进行通信

6.6.1　配件开发工具包的安装与运行

尽管谷歌的配件开发工具包已经有一定年限了，但它很好地展示了硬件的通信和编程过程，你完全可以把它用在自主开发中，尤其适合带各种传感器和执行器的电路（见稍后的图 6-18）。

ADK 2011 需要一个 Arduino 集成开发环境、ADK 软件包和 ADK 扩展板上的电容式触摸感应库（CapSense 库）。在 Demo（demokit）的项目代码中，这个库被放在 Wire 和 Servo 前面。ADK 软件包提供使用配件模式所需的库，如 Max3421e、USB 和 AndroidAccessory。

待解压的 ADK 软件包（如 ADK_release_20120606）提供了两个库（安卓配件库和 USB 主机扩展板），安卓演示程序以及 Demo Shield 的数据和电路图会在 6.6.2 节进一步介绍。

你可以把这两个 ADK 库作为完整目录手动复制到 Arduino 开源硬件平台的库目录中（一般在"Program Files/Arduino/Libraries"路径下）。在 Windows 系统中执行这项操作需要管理员权限，用户账户控制也必

须允许系统执行该操作。在系统成功执行这个复制指令之前，你可能还
要进行相应的设置。

在 Arduino 集成开发环境中，你可以在"工具－开发板类型"选项
下选择 Arduino Mega 2560 或 Mega 配件开发工具包，在"文件－示例－
安卓配件"选项下可以加载 demokit 的例子。如果你想测试，可以在程
序中的"项目－验证／编译"选项下进行设置，没有报错信息，程序就
会自动执行该操作。

如果你还不够精通 Arduino 开源硬件平台，那么应该先用已知的
Blink 演示（如图 6-15 所示），它展示了 Arduino 程序（草图）所需的所
有重要处理步骤并能让 LED 灯闪动。

图 6-15　其中的程序代码编译无误，将被传输到硬件上

下一步是安装安卓软件，由于生产时间过早，它是为采用 Eclipse
开发环境的旧版 SDK 设计的，而非 Android Studio。正如我们在 2.8 节

中提到的，它同样以可运行的 Java JDK 为前提。

　　理论上，安装完整的带工具和插件的安卓 ADK 是毋庸置疑的，你可以像在 Android Studio 中那样通过 SDK 管理器进行安装。在进行相应的导入操作后，demokit 应用也能够通过 Android Studio 来运行（如图 6-16 所示）。

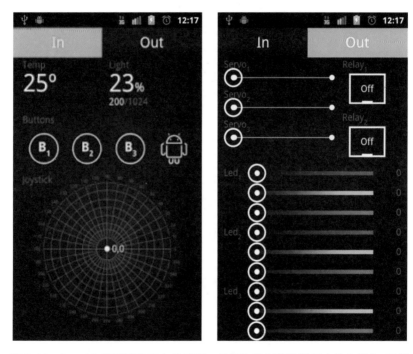

图 6-16　demokit 既能读取来自传感器、按钮和控制杆的数据（输入端），又能控制伺服器、继电器和发光二极管（输出端）

6.6.2　谷歌 Demo Shield

　　谷歌 Demo Shield（如图 6-17 所示）以及 demokit 所需的硬件只能与 Mega-Board 开发板相匹配，因为与标准版 Shield 相比，谷歌 Demo

Shield 还有其他的模拟引脚和数字引脚，电路板构造也不同。

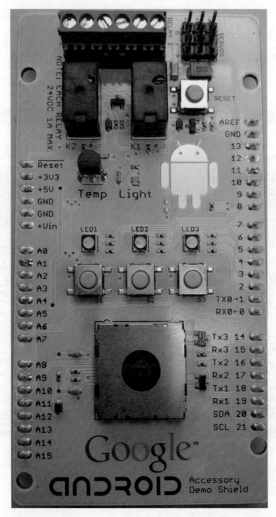

图 6-17 谷歌 Demo Shield

Demo Shield 电路（如图 6-18 所示）的关键组件介绍如下。

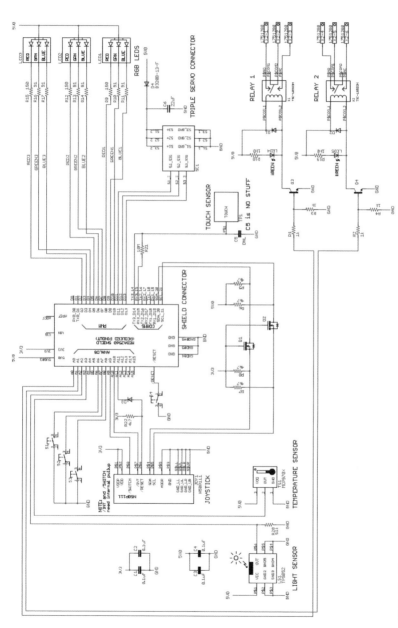

图 6-18 Demo Shield 的电路

- 光传感器：TPS852 是东芝公司生产的贴片式光传感器，它输出与光强度成比例的电流。它通过电阻 R20（51 kΩ）测量它的电压，接入模拟输入端 A2。光传感器包含一个带串联电流放大器的光电二极管，其线性度高达 10 000 lx。
- 温度传感器：MCP 9700 由微芯科技公司开发，能在 −40℃ ~ 150℃的温度范围内输出与温度成比例的直流电压（10 mV/℃）。
- 触摸传感器：在电路板上，设计成安卓机器人的样子。输出信号作用在两个数字输入端的引脚上。
- 控制杆：奥地利微电子公司开发的输入仪器，具有连接数字输入引脚的开关触点，以及通过 SDA 和 SCL（I²C）传递与位置相关的串行脉冲的操纵杆。
- 开关与 LED：三个开关与三个 RGB LED，用于输入输出。每个 LED 有三个数字输出端，颜色分别为红、绿和蓝。
- 继电器：开发板上有两个继电器，它们各有一个开关触点，可承受的最大电压为 24 V，最大电流为 1 A。继电器连接晶体管起到驱动器的作用，而连接 A0 和 A1 端口起到数字输出端的作用。
- 伺服连接器：开发板上有一个 9 针插口，它可以控制传统的伺服器。

6.6.3 简单的通信示例

6.6.1 节中谷歌开发的 demokit 应用程序对初学者来说已经很复杂了，由于篇幅限制，我就不再展开介绍 Arduino 微控制器和安卓系统的编程代码了。编程代码是 ADK 的组成部分，你可以登录上文提到的网址下载。

为了让两个设备之间的通信和编程连接透明化，我们将在本节介绍一个简单的通信示例，其中只使用并控制一个 LED 和一个开关。如图 6-19 所示，关键部件通过排线与数字端口相连。

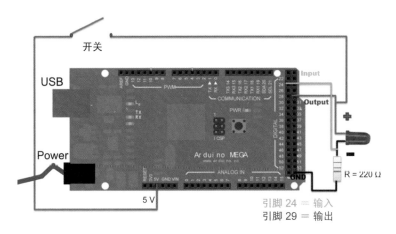

图 6-19 一个开关和一个 LED 通过电阻与 Arduino 板相连

程序初始库需要支持 USB 开放配件模式，这至关重要。MAX3421E 是马克西姆公司开发的 USB 芯片，它是 Arduino 板上的 USB 主机接口。你可以在下文的程序代码中通过 acc- 开头的程序代码了解它在开放配件模式方面的功能。

当作为开放配件的外设（这里是 Arduino 板）与安卓设备连接时，外设首先会发送供应商请求，检查安卓设备是否支持开放配件模式。如果安卓设备支持该模式，Arduino 板会发送设备描述符（字符串）进行进一步认证；如果安卓设备不支持该模式，则通信过程立即结束。

程序：执行开放配件函数的 Arduino 程序

```
#include <Max3421e.h>
#include <Usb.h>
#include <AndroidAccessory.h>

AndroidAccessory acc("Manufacturer", "Model", "Description", "Version",
"URL", "SerialNumber");
```

```
int PinOut=29;                              // 引脚29为输出端口
int PinIn=24;                               // 引脚24为输入端口

void setup()
{
  pinMode(PinOut, OUTPUT);                  // 设置输出模式
  pinMode(PinIn, INPUT);                    // 设置输入模式

 acc.powerOn();
}

void loop()
{

 byte msg[0];
 byte sntmsg[1];
 int pinread;

 if (acc.isConnected())
 {
   int len = acc.read(msg, sizeof(msg), 1);
   if (len > 0)
   {

     if (msg[0] == 1) {                     // 读取的数值为 1
     digitalWrite(PinOut,HIGH);             // 打开发光二极管
     }

     if (msg[0] == 0) {                     // 读取的数值为 0
     digitalWrite(PinOut,LOW);              // 关闭发光二极管
     }

 if (msg[0] == 2){

   pinread=digitalRead(PinIn);              // 读取数字输入信号

           if (pinread== 0) {
           sntmsg[0] = 0;
           acc.write(sntmsg,1);             // 将数值 0 写入输出端
           }
```

```
        if (pinread== 1) {
        sntmsg[0] = 1;
        acc.write(sntmsg,1);           // 将数值 1 写入输出端
        }
    }
  }
}
}
```

在进一步认证过程中，外设会发送一个激活开放配件模式的厂商请求到安卓设备，这是为了给安卓设备重新编号。一旦安卓设备启动了开放配件模式，外设就可以控制端点、USB 批量输入端点和 USB 批量输出端点，接口全都与 USB 全速模式（12 Mbit/s）相匹配。

开放配件模式不需要添加其他的设备驱动器，因为每个兼容的 USB 主机都有一系列的字符串描述符（其中包括制造商、型号、版本、描述符、统一资源定位器、串口等），安卓操作系统能够读取这些信息，因此 App 能在设备连接后自动运行。你可以通过 acc.powerOn 指令激活系统，通过 acc.isConnected 指令建立连接，接着执行读写命令（acc.read，acc.write）。

简单的 1 字节（如图 6-20 所示）可以在安卓设备和 Arduino 板之间进行交换。如果 Arduino 板接收的信息为 0，则 LED 灯关闭；如果 Arduino 板接收的信息为 1，则 LED 灯打开；如果 Arduino 板接收的信息为 2，则 Arduino 板从开关上读取数值，如上述程序所示。

安卓系统使用谷歌的应用编程接口，在创建新项目（New Android Project）时，系统会选择与安卓设备相匹配的版本号（平台）。在使用与 Arduino 板通信的 App 时（如图 6-21 所示），安卓设备界面上会出现两个按钮。其中，Toggle-Button 按钮用于开关 LED 灯（位于引脚 29），另一个按钮用来读取引脚 24 的电平，这是由开关决定的。信息的接收方式如上所述（接收信息为 0、1 或 2 时）。

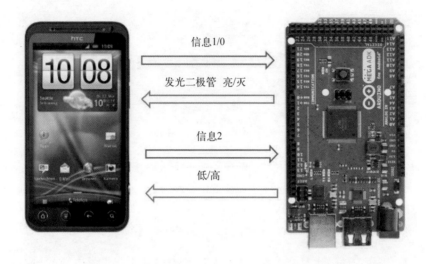

图 6-20 两个单元之间的信息交换

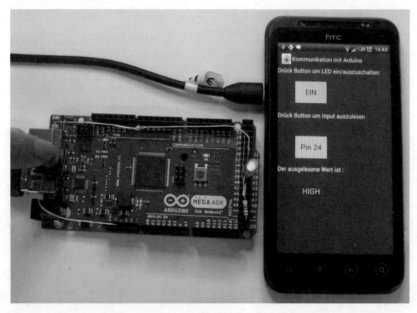

图 6-21 Arduino 板与智能手机之间简单的通信

　　下面展示了 App 示例的源代码，其中绝大部分代码不是 USB 专用或针对开放配件模式（Open Accessory Mode）的，而是大多数应用所采用的通用安卓框架功能代码。

　　一个 App 可以有好几个 Activity，但是其中只有一个是正在运行的。你可以在 Activity 间进行任意切换。每个 Activity 都有自己的生命周期，它由 onCreate、onStart、onResume、onPause、onStop 或 onDestroy 等不同的指令决定。在 App 启动时，onCreate 指令使 App 初始化，并生成用户界面布局结构（setContentView）。onResume 指令能再现（部分）后台隐藏的 Activity，即确认系统与特定配件单元的通信是否能够继续进行。

程序：执行开放配件（Open Accessory）函数的安卓程序

```
/********************************************************************
/* 与安卓系统的USB通信
/********************************************************************

package com.kommunikationmitusb;

import java.io.FileDescriptor;
import java.io.FileInputStream;
import java.io.FileOutputStream;
import java.io.IOException;

import android.app.Activity;
import android.os.Bundle;
import android.app.PendingIntent;
import android.content.BroadcastReceiver;
import android.content.Context;
import android.content.Intent;
import android.content.IntentFilter;
import android.os.ParcelFileDescriptor;
import android.view.View;
import android.widget.TextView;
import android.widget.ToggleButton;
import com.android.future.usb.UsbAccessory;
import com.android.future.usb.UsbManager;
```

```java
// USB连接初始化的必备要素

public class MainActivity extends Activity {

private static final String ACTION_USB_PERMISSION = "com.android.example.
USB_PERMISSION";

    private UsbManager usbManager;
    private PendingIntent pendingIntent;
    private boolean mPermissionRequestPending;
    UsbAccessory usbAccessory;
    ParcelFileDescriptor FileDescriptor;
    FileInputStream InputStream;
    FileOutputStream OutputStream;

// GUI元素
    private ToggleButton buttonLED;
    TextView PinWert;
    TextView inputtxt;

// 处理输入的USB数据

    private final BroadcastReceiver usbReceiver = new BroadcastReceiver() {

        public void onReceive(Context context Intent intent) {
            String action = intent.getAction();
            if (ACTION_USB_PERMISSION.equals(action)) {
                synchronized (this) {
                    UsbAccessory accessory = UsbManager.getAccessory(intent);
                    if (intent.getBooleanExtra(UsbManager.EXTRA_PERMISSION_
GRANTED, false))
                    {
                        openAccessory(accessory);
                    } else {
                    }
                    mPermissionRequestPending = false;

                }
            } else if (UsbManager.ACTION_USB_ACCESSORY_DETACHED.
equals(action)) {
                UsbAccessory accessory = UsbManager.getAccessory(intent);
                if (accessory != null && accessory.equals(usbAccessory)) {
                    closeAccessory();
```

```
            }
          }
        }
    };

// 程序启动时执行的指令

public void onCreate(Bundle savedInstanceState) {
    super.onCreate(savedInstanceState);

    usbManager = UsbManager.getInstance(this);
    pendingIntent = PendingIntent.getBroadcast(this, 0, new
        Intent(ACTION_USB_PERMISSION), 0);
    IntentFilter filter = new IntentFilter(ACTION_USB_PERMISSION);
    filter.addAction(UsbManager.ACTION_USB_ACCESSORY_DETACHED);
    registerReceiver(usbReceiver, filter);
    if (getLastNonConfigurationInstance() != null) {
        usbAccessory = (UsbAccessory) getLastNonConfigurationInstance();
        openAccessory(usbAccessory);
    }

    setContentView(R.layout.main);
    buttonLED = (ToggleButton) findViewById(R.id.toggleButtonLED);
    inputtxt = (TextView) findViewById(R.id.textView4);
    PinWert = (TextView) findViewById(R.id.textView5);
}

// 更改配置时执行的指令

public Object onRetainNonConfigurationInstance() {
    if (usbAccessory != null) {
        return usbAccessory;

    } else {
        return super.onRetainNonConfigurationInstance();
    }
}

// 重启程序时执行的指令

public void onResume() {
    super.onResume();
```

```
    if (InputStream != null && OutputStream != null) {
      return;
    }

    UsbAccessory[] accessories = usbManager.getAccessoryList();
    UsbAccessory accessory = (accessories == null ? null : accessories[0]);
    if (accessory != null) {
      if (usbManager.hasPermission(accessory)) {
        openAccessory(accessory);
      } else {
        synchronized (usbReceiver) {
          if (!mPermissionRequestPending) {
            usbManager.requestPermission(accessory, pendingIntent);
            mPermissionRequestPending = true;
          }
        }
      }
    } else {
    }
}

// 打开USB连接

private void openAccessory(UsbAccessory accessory) {
    FileDescriptor = usbManager.openAccessory(accessory);
    if (FileDescriptor != null) {
      usbAccessory = accessory;
      FileDescriptor fd = FileDescriptor.getFileDescriptor();
      InputStream = new FileInputStream(fd);
      OutputStream = new FileOutputStream(fd);

    } else {
    }
}

// 关闭USB连接

private void closeAccessory() {
    try {
      if (FileDescriptor != null) {
        FileDescriptor.close();
      }
    } catch (IOException e) {
    } finally {
```

```
        FileDescriptor = null;
        usbAccessory = null;
    }
}


// Toggle-Button按钮用来开关LED灯
// 安卓系统发送信息0或1到Arduino板

public void ClickBtEinAus(View v) {
    byte[] buffer = new byte[1];
        if (buttonLED.isChecked())
            buffer[0] = (byte) 1;          // 信息1 → LED灯打开
        else

            buffer[0] = (byte) 0;          // 信息0 → LED灯关闭
        if (OutputStream != null) {
            try {
                OutputStream.write(buffer); // 信息写入输入流（OutputStream）

            } catch (IOException e) {
            }
        }
    }

// 安卓设备发送信息2到Arduino板，以读取数字输入信息

    public void ClickBtlesen(View view) {
        byte[] buffer = new byte[1];
        buffer[0] = (byte) 2;
        if (OutputStream != null) {
            try {
                OutputStream.write(buffer);
            } catch (IOException e) {
            }
        }
        byte[] bbuffer = new byte[1];

    // 通过以下指令读取Arduino板的输入值

        try {
            InputStream.read(bbuffer);
        } catch (IOException e) {
            new Exception("Arduino-Board antwortet nicht. Timeout!");
        }
        inputtxt.setText("Der gelesene Wert ist :");
```

```
    // 如果读取的数值为1 → 高电位
    if (bbuffer[0] == (byte) 1) {
        PinWert.setText("HIGH");

    }
    // 如果读取的数值为0 → 低电位
    if (bbuffer[0] == (byte) 0) {
        PinWert.setText("LOW");
    }
  }
}
```

Activity 的通信基于所谓的意图，它能够封装信息，再将其中的数据传输给接收方的 Activity。广播接收器等其他组件同样也可以利用意图进行交互。

一般而言，广播接收器可以对安卓系统的系统消息做出反馈，比如电池的充电状态、按钮状态或 USB 信息的送达情况。

系统采用开放配件模式时会生成一个文件描述符，它表示与 USB 设备通信时所使用的输入输出流，而关闭配件的方法会再次切断所有的 USB 连接。Arduino 信息的求值需要用到缓冲器，你可以通过输入流和输出流读取或描述缓冲器上的信息，正如上述程序最后一段（ClickBtEinAus）展示的那样。

6.7   安卓 USB 主机评估套件

飞特帝亚公司开发的安卓 USB 主机评估套件（UMFT311EV）是安卓设备与外接硬件通信中性价比最高的工具包之一，它只有一个连接 USB 的小电路板（如图 6-22 所示）。FT311 控制器已经烧录了预先编制的固件，所以你可以立即尝试使用示例中的 App（如图 6-23 所示）。

图 6-22 安卓评估板

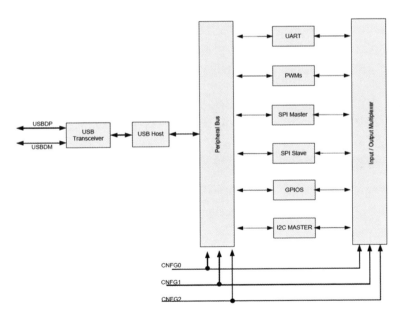

图 6-23 FT311 芯片的流程图，它控制着 6 个不同的接口配置模式

此外，你还需要一个独立电源，比如电压为 5 V 的电源插座，因为 USB 主机必须有足够的电压供给。因此，开发板上有一个特殊的组件（AIC1526，双 USB 高边电源开关），它能保证稳定的 USB 供电，使流经 USB 的最大电流不超过允许的 500 mA，同时还起到了短路保护和过热断路保护的作用。然而，沛亨半导体公司（Analog Integrations Corporation）开发的 AIC1526 组件只能使用两条信道中的一条，即 Out B。电路（如图 6-24 所示）本身的供电电压为 3.3 V，开发板上有相应的电压调节器（AIC1733）。

FT311 芯片的端口信号（IOBUS0 到 IOBUS7）由两个接触片引出，它们会传输到右侧的 10 个插入式触点（排列在上下两行中，再加上地线和 5 V 的电压）和上方的插座触点。除了这些信号外，地线（GND）和 5 V 的电源也由四个现有的插座触点引出，绝大多数的触点没有电子连接。这些插座触点出于机械连接的目的而存在，因为它们位于一块扩展板（FT311 通用输入输出接口板）上，所以通过开关和发光二极管来测试通信成功与否，否则，就无法实现测试。

在右边的接触片下面还有一个触点，它用来引导 FT311 芯片的编程信号（编程口）。在出货时，芯片已经将预先编制的程序固化，只有在出现版本升级时才会更新，飞特帝亚对此提供了可供下载的更新包。虽然 FT311 与飞特帝亚公司自主开发的主机控制器程序（Vinculum-Controller）能良好匹配，但尚不清楚用户是否可自行更改固件。从理论上看，这是可行的，因为 Vinculum 型号具有配置自身固件的能力。

设置各种型号的接口（GPIO、UART、PWM、I²C 主机、SPI 主机以及 SPI 从机）需要 3 条跳线，它与 FT311 芯片的配置引脚（CNFG0~CNFG2）相连。

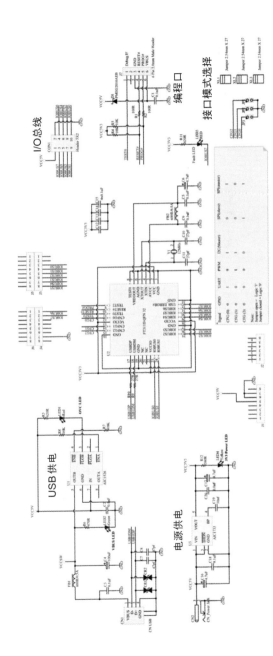

图 6-24 安卓评估板的电路

6.7.1 演示 App

飞特帝亚公司为 6 个接口模式中的每一个接口都提供了一个安卓 App（*.apk）。App 进行数据传输的最简单方法，是通过 USB 接线将个人计算机上的数据复制到平板电脑或智能手机上。个人计算机上的操作系统必须能够将安卓设备（至少）看作可移动磁盘，尤其是对各个安卓设备或可移动磁盘来说，操作系统还需要安装相应的驱动程序。

然后，选中 App 所对应的各 apk 文件，启动并开始安装 App。界面上还会出现安全提示窗口（询问系统是否下载未知来源的程序等），你可以直接跳到安卓设置菜单，在其"安全 – 设备管理 – 设置未知来源"选项下，根据所需的安全级别进行设置。

评估板通过适配的 USB 数据线与安卓设备相连，设备并不会有明显的反应，因为 USB 还缺少供电电压，这是由主机提供的。然后再接入一个带 DC 插座的 5 V 电源（CN2，如图 6-22 所示），接着电路板上的电源 LED 灯和 VBUS-ON-LED 灯亮起。

从 CFG 跳线的位置上看，安卓评估板还有一个特性，即在设备连接时，只有相关应用的适配程序才会启动。通用异步收发器的模式是根据图 6-22 中跳线的位置被选中的，在这种情况下，App 可以支持通用异步收发器测试和环回。以下这些示例至关重要，你可以从中了解，两个通用异步收发器的应用不仅可以借助 FT311D 模块运行，而且能够使用 FT312D 模块，但它只能控制通用异步收发器的模式。

通用异步收发器环回（UART Loopback：跳线 CFG1，CFG2）

这种程序的引脚连接方式为：IOBUS0（TXD）与 IOBUS1（RXD）相连，IOBUS2（RTS）与 IOBUS3（CTS）相连，这样数据就能够根据美国信息交换标准代码（ASCII），以十六进制（Hex）或十进制的形式输出（写入字节），然后再读入（读取字节）。你可以通过配置按钮设置你想使用的传输参数，如波特率（300 ~ 921 600 波特）、停止位与数据位的个数、奇偶校验位的个数以及数据流控制。

通用异步收发器测试（UART Test：跳线 CFG1，CFG2）

这个程序和上一个程序相似。当然，这个程序能够实现数据和文件在安卓设备和带终端程序（如 PuTTY 等）的个人计算机之间的数据交换和文件交换（如图 6-25 所示）。两种设备之间的连接通过 USB-TTL 适配电线（也可参见 6.2 节）建立，飞特帝亚公司以及其他公司都能生产这种适配电线。

图 6-25　通用异步收发器测试程序

通用输入输出接口演示（GPIO Demo：跳线 CFG0，CFG1，CFG2）

这个演示可以使最多 7 个 TTL 输入端或输出端同时运行，最简单的例子就是开关或发光二极管。如图 6-26 所示，这些组件可以直接连接到理想的 I/O 总线引脚。你也可以使用带开关和发光二极管的可插式扩展板（FT311 通用输入输出接口板）。

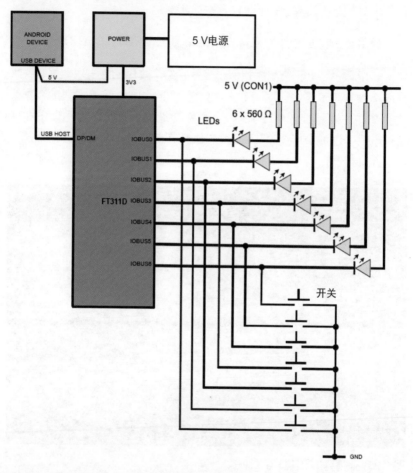

图 6-26 通用输入输出（GPIO）模式的测试电路

你可以通过 Out Map 和 In Map（如图 6-27 所示）中对应的勾选项确定每个接口是输入端还是输出端。重要的是，每次更改输入端和输出端选项后，你都要点击配置按钮，将配置信息发送到飞特帝亚芯片，芯片完成配置后就可以发送或读取信号了。

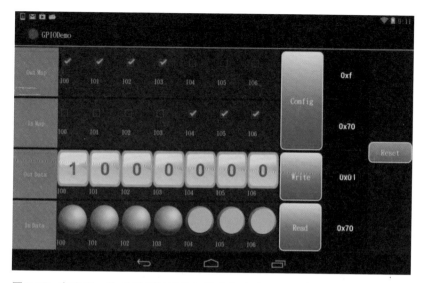

图 6-27 在这里，你可以用通用输入输出程序来配置 4 个输出端和 3 个输入端。第一个输出端读取的数值为 1，3 个输入端读取的数值为 High

其他程序（UART、SPI）也是同理，它们也需要配置按钮。如果程序输出的是低电平，连接的发光二极管会亮起（如图 6-26 所示），高电平则不会。程序执行读取功能时，对应接口处于高电平，LED 灯呈现绿色。

脉冲宽度调制演示（PWM Demo：跳线 CFG0，CFG2）

脉冲宽度调制应用将不同的脉冲写入 4 个输出端（IOBUS0 到 IOBUS3）。你可以通过 Set Period 选项确定时间周期在毫秒以内，也可以用 4 个占空比的滑块（0% ～ 95%）确定脉冲间隔。

集成电路演示（I²C Demo：跳线 CFG2）

IOBUS0 信号引导集成电路总线的时钟信号（参见 6.3 节），IOBUS1 信号引导集成电路总线的数据信号。相应地，这些信号与集成电路总线芯片相连，比如温度传感器就是一个从机。集成电路总线应用允许中断各个集成电路总线地址上的读写命令。你可以逐层设置时钟频率，最高不超过 92 kHz，但没有指定的集成电路总线频率与之相匹配。

串行外设接口主机演示（SPI Master Demo：跳线 CFG1）

这个应用与上文提到的相似，上面四条总线线路被用来当作串行外设接口（即 IOBUS3：SS；IOBUS4：Clock；IOBUS5：MOSI；IOBUS6：MISO）。在数据读写传输过程中，你可以直接通过选择菜单确定理想的 SPI 模式（参见 6.4 节）和频率。

串行外设接口从机演示（SPI Slave Demo：跳线 CFG1）

在我们之前提到的两个例子中，安卓评估板组成了主机，在这里，它起着从机的作用，它的连接模式与在串行外设接口主机演示的连接模式相同。当然，它的运行方向是与主机演示相反的。因为读取操作不是 SPI 从机发起的，所以这个程序中没有读取按钮，取而代之的是用来中断传输过程的终止按钮（如图 6-28 所示）。

图 6-28　串行外设接口从机演示（SPI Slave Demo）

在根据理想的程序设置跳线，将开发板连接到安卓设备并接通电源后，红色的 LED 状态灯（如图 6-22 所示）过一段时间会亮起，这表示开发板初始化完成。如果这个 LED 灯在运行过程中不亮，说明它与系统状态（安卓设备加上飞特帝亚板）不匹配。

飞特帝亚安卓板的例子表明，通过安卓设备与硬件单元通信有多简单。你肯定对 FT311 芯片中飞特帝亚固件的功能很满意。相反地，最初由谷歌提出的通用解决方案使配件开发工具包（参见 6.6 节）成为可能，从硬件上看，它通过可自由编程的 Arduino 开源平台或其他的微控制器平台来实现，对此我们会在 6.8 节中进一步举例说明。

6.7.2　芯片通信

飞特帝亚公司提供了我们之前章节中介绍的 App 的所有源代码，还有一些其他使用开发板的源代码（如 RoboticArmDemo），你可以通过以下网址查到这些源代码：

http://www.ftdichip.com/Support/SoftwareExamples/Android_Projects.htm

正如我之前所说，在本书中介绍 App（*.java）的完整程序及其对应的布局代码 *.xml 和项目数据是毫无意义的。一方面，介绍这些内容需要很大篇幅；另一方面，在实践中，模仿已有的、可行的 App，在此基础上创建自己的 App 更有意义。想完全掌握安卓系统或 Java 程序语言的用户可以在书本或电子书等文献或互联网上查到相关的信息。

本书侧重于介绍与硬件的通信，下文会举例说明通用输入输出程序（如图 6-27 所示）中最重要的编程部分，编程的原理一目了然。飞特帝亚公司的示例程序绝大多数都由两个部分组成：一个是带图形元素的 Activity（如按钮、显示屏等），另一个是 USB 与芯片之间的通信部分，这个是接下来要讲的重要部分。

导入 Java 对象和安卓对象后，你需要定义接口等级（如 FT311 通用输入输出接口），通过 USB 管理器确定 USB 的操作方式。然后你需要掌握配置通用输入输出端口、将其带入定义的初始状态以及实现读写端口数据的方法。

如果要将 FT311 芯片与安卓设备连接，你需要调用 ResumeAccessory 的方法，它会检验字符串，授予或禁止连接权限。断开连接需要调用 DestroyAccessory 指令。

此外，系统还需要执行一些辅助程序，打开（OpenAccessory）或关闭（CloseAccessory）已建立的连接，确定字节的输入流和输出流。广播接收器对 USB 信息做出反馈，读取 USB 数据的处理器补充与 FT311 芯片通信的等级信息。

```java
// File: FT311GPIOInterface.java

// 用户必须使用其包名修改下述包

package com.GPIODemo;
import java.io.FileDescriptor;
import java.io.FileInputStream;
import java.io.FileOutputStream;
import java.io.IOException;

import android.app.Activity;
import android.app.PendingIntent;
import android.content.BroadcastReceiver;
import android.content.Context;
import android.content.Intent;
import android.content.IntentFilter;
import android.hardware.usb.UsbAccessory;
import android.hardware.usb.UsbManager;
import android.os.Handler;
import android.os.Message;
import android.os.ParcelFileDescriptor;
import android.util.Log;
import android.widget.Toast;
```

```
/****************** FT311 GPIO interface class ****************************/
public class FT311GPIOInterface extends Activity

{
private static final String ACTION_USB_PERMISSION = "com.GPIODemo.USB_
PERMISSION";
public UsbManager usbmanager;
public UsbAccessory usbaccessory;
public PendingIntent mPermissionIntent;
public ParcelFileDescriptor filedescriptor;
public FileInputStream inputstream;
public FileOutputStream outputstream;
public boolean mPermissionRequestPending = false;
public boolean READ_ENABLE = true;
public handler_thread handlerThread;

private byte [] usbdata;
private byte [] writeusbdata;
private int readcount;

public Context global_context;
public static String ManufacturerString = "mManufacturer=FTDI";
public static String ModelString = "mModel=FTDIGPIODemo";
public static String VersionString = "mVersion=1.0";

/*构造函数*/
public FT311GPIOInterface(Context context){
   super();
   global_context = context;
   /*我们应该在这里开始一个线程，还是其他什么的*/
   usbdata = new byte[4];
   writeusbdata = new byte[4];

/*********************** USB 处理 ********************************/
   usbmanager = (UsbManager) context.getSystemService(Context.USB_SERVICE);
   // Log.d("LED", "usbmanager" +usbmanager);
   mPermissionIntent = PendingIntent.getBroadcast(context, 0,
       new Intent(ACTION_USB_PERMISSION), 0);
   IntentFilter filter = new IntentFilter(ACTION_USB_PERMISSION);
   filter.addAction(UsbManager.ACTION_USB_ACCESSORY_DETACHED);
   context.registerReceiver(mUsbReceiver, filter);

   inputstream = null;
```

```
      outputstream = null;

}

/*端口复位*/
public void ResetPort()
   {
   writeusbdata[0] = 0x14;
   writeusbdata[1] = 0x00;
   writeusbdata[2] = 0x00;
   writeusbdata[3] = 0x00;

   try {
      if(outputstream != null){
         outputstream.write(writeusbdata, 0,4);
      }

   } catch (IOException e) {
// TODO自动生成catch块

      e.printStackTrace();

   }

}

/*配置端口*/
   public void ConfigPort(byte configOutMap, byte configINMap){
      configOutMap |= 0x80;          // GPIO pin 7 is OUT
      configINMap &= 0x7F;           // GPIO pin 7 is OUT
      writeusbdata[0] = 0x11;
      writeusbdata[1] = 0x00;
      writeusbdata[2] = configOutMap;
      writeusbdata[3] = configINMap;

      try {
         if(outputstream != null){
            outputstream.write(writeusbdata, 0,4);
         }
      } catch (IOException e) {
// TODO自动生成catch块

         e.printStackTrace();
```

```
        }

    }

/*写入端口*/
    public void WritePort(byte portData){
        portData |= 0x80;      // GPIO引脚7为高电平，LED为OFF
        writeusbdata[0] = 0x13;
        writeusbdata[1] = portData;
        writeusbdata[2] = 0x00;
        writeusbdata[3] = 0x00;

        try {
            if(outputstream != null){
                outputstream.write(writeusbdata, 0,4);
            }

        } catch (IOException e) {
    // TODD自动生成catch块

            e.printStackTrace();

        }

    }

/*读取端口*/
    public byte ReadPort(){
        return usbdata[1];

    }

/*恢复配件连接*/
    public void ResumeAccessory()
    {
    // Intent intent = getIntent();
        if (inputstream != null && outputstream != null) {
            return;
        }

        UsbAccessory[] accessories = usbmanager.getAccessoryList();
        if(accessories != null)
        {
```

```
        Toast.makeText(global_context, "Accessory Attached",
                    Toast.LENGTH_SHORT).show();
    }

    UsbAccessory accessory = (accessories == null ? null : accessoies[0]);
    if (accessory != null) {
      if( -1 == accessory.toString().indexOf(ManufacturerString))
      {
        Toast.makeText(global_context, "Manufacturer is not matched!",
                    Toast.LENGTH_SHORT).show();
        return;
      }

      if( -1 == accessory.toString().indexOf(ModelString))
      {
        Toast.makeText(global_context, "Model is not matched!",
                    Toast.LENGTH_SHORT).show();
        return;
      }

      if( -1 == accessory.toString().indexOf(VersionString))
      {
        Toast.makeText(global_context, "Version is not matched!",
                    Toast.LENGTH_SHORT).show();
        return;
      }
      Toast.makeText(global_context, "Manufacturer, Model & Version are
matched!",
                    Toast.LENGTH_SHORT).show();

      if (usbmanager.hasPermission(accessory)) {
        OpenAccessory(accessory);
      }
      else
      {
        synchronized (mUsbReceiver) {
          if (!mPermissionRequestPending) {
            Toast.makeText(global_context, "Request USB Permission",
                    Toast.LENGTH_SHORT).show();
            usbmanager.requestPermission(accessory, mPermissionIntent);
            mPermissionRequestPending = true;
          }
```

```
        }
      }
    } else {}
  }
/*关闭配件连接*/
  public void DestroyAccessory(){
    READ_ENABLE = false;        // 将handler_thread设置为false
                                // 退出等待数据循环
    ResetPort();                // 为instream.read发送虚拟数据
    try{Thread.sleep(10);}
    catch(Exception e){}
    CloseAccessory();
  }


/****************** 辅助程序 *******************************/
  public void OpenAccessory(UsbAccessory accessory)
  {
    filedescriptor = usbmanager.openAccessory(accessory);
    if(filedescriptor != null){
      usbaccessory = accessory;
      FileDescriptor fd = filedescriptor.getFileDescriptor();
      inputstream = new FileInputStream(fd);
      outputstream = new FileOutputStream(fd);
      /*检查其中的任何一个是否为空*/
      if(inputstream == null || outputstream==null){
          return;
      }
    }
    handlerThread = new handler_thread(inputstream);
    handlerThread.start();
  }
  private void CloseAccessory()
  {
    try{
      if(filedescriptor != null)
        filedescriptor.close();
    }catch (IOException e){}

    try {
      if(inputstream != null)
        inputstream.close();
    } catch(IOException e){}
```

```
/******************** 辅助程序 ********************************/
    public void OpenAccessory(UsbAccessory accessory)
    {
       filedescriptor = usbmanager.openAccessory(accessory);
       if(filedescriptor != null){
          usbaccessory = accessory;
          FileDescriptor fd = filedescriptor.getFileDescriptor();
          inputstream = new FileInputStream(fd);
          outputstream = new FileOutputStream(fd);
          /*检查其中的任何一个是否为空*/
             if(inputstream == null || outputstream==null){
                return;
             }
          }
       handlerThread = new handler_thread(inputstream);
       handlerThread.start();
       }
    private void CloseAccessory()
    {
       try{
          if(filedescriptor != null)
             filedescriptor.close();
          }catch (IOException e){}

       try {
          if(inputstream != null)
             inputstream.close();
       } catch(IOException e){}

       try {
          if(outputstream != null)
             outputstream.close();
          }catch(IOException e){}

    /*FIXME, 增加关闭应用程序的通知*/
       filedescriptor = null;
       inputstream = null;
       outputstream = null;

       System.exit(0);

    }
```

```
/******************* USB广播接收器 ***************************/

      private final BroadcastReceiver mUsbReceiver = new Broadcast Receiver()
      {
         @Override
         public void onReceive(Context context, Intent intent)
         {
            String action = intent.getAction();
            if (ACTION_USB_PERMISSION.equals(action))
            {
               synchronized (this)
               {
                  UsbAccessory accessory = (UsbAccessory)
                  intent.getParcelableExtra(UsbManager.EXTRA_ACCESSORY);
                  if (intent.getBooleanExtra(UsbManager.EXTRA_PERMISSION_
                     GRANTED,  false))
                  {
                     Toast.makeText(global_context, "Allow USB Permission",
                                 Toast.LENGTH_SHORT).show();
                     OpenAccessory(accessory);
                  }
                  else
                  {
                     Toast.makeText(global_context, "Deny USB Permission",
                                 Toast.LENGTH_SHORT).show();
                     Log.d("LED", "permission denied for accessory" +
accessory);
                  }
               mPermissionRequestPending = false;
               }
            }
         else if (UsbManager.ACTION_USB_ACCESSORY_DETACHED. equals(action))
         {
            CloseAccessory();
         }else
         {
            Log.d("LED", "....");
         }
      }
   };
```

```
// USB输入数据处理程序
private class handler_thread extends Thread {
    FileInputStream instream;
    handler_thread(FileInputStream stream ){


        instream = stream;        }

    public void run()
    {
        while(READ_ENABLE == true)
        {
            try{
                if(instream != null)
                {
                    readcount = instream.read(usbdata,0,4);
                }
            }catch (IOException e){}
        }
    }
}
}
```

6.8 配件开发启动工具包

除了安卓系统通信的简单演示软件外，微芯科技公司还推出了带硬件组件的 PIC24F 配件开发启动包接口板（如图 6-29 所示）。经专门编程的 PIC24FJ256GB100 微控制器在其中起着接口芯片的作用。与微控制器连接的有充电电路、4 个开关、8 个发光二极管、一个电位器和用来连接自身硬件的排针。如果有需要，你可以通过选配的 PICkit3 的编程器 / 调试器用 C 语言对微控制器进行编程。

图 6-29 微芯科技公司推出的 PIC24F 安卓板

因为微控制器的功能接口明显多于其他接口，因此这些普通接口需要反复校验。你可以通过设置寄存器位数来选择各个功能。此外，芯片上并不是所有接头都聚拢在开发板的排针上，它们可以与一些引脚直接接触，比如说为了能够使用所有可用的模数转换器信道。表 6-3 展示的是几种可供使用的接口。

表 6-3 PCF24F 板中可用的接口

类　　型	引脚：外部 / 控制器	属　　　性
模数转换器	10/16	10 bit，500 kbit/s
集成电路总线	2/3	7 bit 寻址
串行外设接口	3/3	3 线制和 4 线制
输入输出端口	41/44	允许通过的最大电流为 25 mA

开发板上的发光二极管可以实时显示程序状态。在与智能手机连接成功时，LED D1 亮，LED D8 灯在每次与应用程序通信的过程中被激活。其余的发光二极管管会在重要的程序点被接入，代表成功完成循环运行。图 6-30 介绍了各个信号的触点位置。

图 6-30 PIC24F 安卓板的触点分配情况

编写传输程序

安卓设备与微控制器板之间的通信需要重新调用开放配件协议。微芯科技公司的演示程序已经实现了基本的通信功能，它极易与所需应用相匹配，我们会在下文通过模数转换器和集成电路总线与传感器进行通信的部分进行详细介绍。

当微控制器中的程序一直处于循环轮询的运行模式时，安卓设备上的事件控制程序也在运行。图 6-31 展示的是安卓设备收发数据的流程图，图 6-32 展示的是微控制器通信的可视化效果。

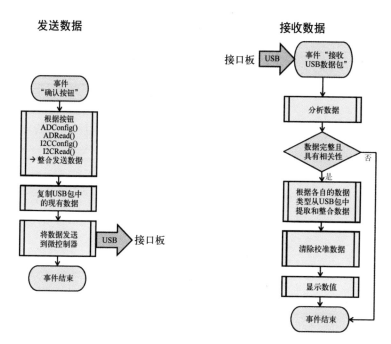

图 6-31 安卓设备上收发数据的流程图

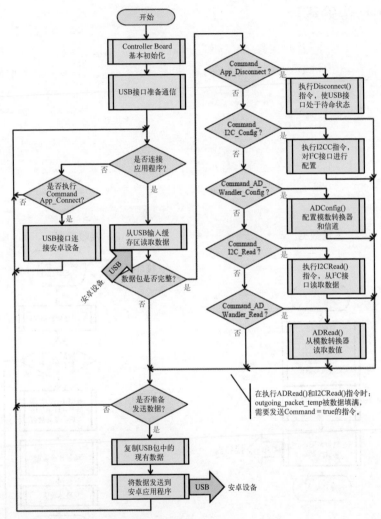

图 6-32 微控制器中通信过程的流程

发送数据结构

每次传输最初允许通过的数据只有 2 字节，这是远远不够的，因为模数转换器以 2 字节取值，还需要其他指令字节，所以至少需要 4 字节。

如果你想扩展发送数据结构，就还需要 4 字节以保证在代码不变的情况下有更多的数据在每次循环过程中被传输。

微控制器的发送数据结构如下所示。从安卓设备到微控制器方向的发送数据结构同理可循：

```
typedef struct __attribute__((packed))     // 收发数据包

{
    BYTE type;                              // 指令类型
    BYTE channel;                           // 信道号
    BYTE value0;                            // 传感器数值
    BYTE value1;                            // ||
    BYTE value2;                            // 未使用
    BYTE value3;                            // ||
    BYTE value4;                            // ||
    BYTE value5;                            // ||
} ACCESSORY_APP_PACKET;                     // 变量名称
```

第 1 个字节代表的是指令的类型，其中可选择的类型如下。

- COMMAND_APP_CONNECT：只从安卓设备发送数据并通知微控制器，现在已启动具有 USB 访问功能的 App。开发板等待后续指令。

- COMMAND_APP_DISCONNECT：当智能手机与微控制器板之间的电线连接断开或安卓 App 关闭时，微控制器接收到断开的信号，再重新等待连接指令。

- COMMAND_AD_WANDLER_CONFIG：通过这个指令调出的函数能够让用户在安卓设备上配置模数转换器。

- COMMAND_AD_WANDLER_READ：这个指令会调取模数转换器的某个信道，并将测量到的传感器数值传输到安卓设备端。

- COMMAND_I2C_CONFIG：集成电路总线接口用来与连接的传感器进行通信。

- COMMAND_I2C_READ：调用通过集成电路总线连接的外置传感器，将测量到的传感器数值返回到安卓设备。

在第 2 个字节传输的信道号用于配置和调用传感器。最后 6 个字节可以自由分配。比如获得传感器后，将待发送的传感器测量值放置在那里。

在安卓 App 启动，外置传感器的布局视图展开后，设备上出现用户输入界面。按下确认按钮可以打开系统中的相应程序，并调用其中的功能。在这里，你可以选择模数转换器或集成电路总线接口的配置方式及其调用方法。我们会在 7.2 节中进一步探讨具体功能及后台程序。

更重要的是，这里调用的每个函数都要将数据复制到 USB 包上，并通过 KommandoSenden() 函数启用数据发送相关的功能。

```
// 将指令通过USB接口发送到接口板

private void KommandoSenden        (int Typ, int Port, int Wert1, int Wert2,
                                    int Wert3, int Wert4, int Wert5,
                                    int Wert6)
```

这个函数会按数据所对应的类别，将其逐项插入指令包，接着启用通过 USB 接口发送数据的功能。

```
byte[] commandPacket = new byte[8];              // 创建数据包

commandPacket[0] = (byte) Typ;                   // 输入指令类型
commandPacket[1] = (byte) Port;                  // 输入端口号
commandPacket[2] = (byte) Wert1;                 // 输入各个数值
commandPacket[3] = (byte) Wert2;                 // ||
commandPacket[4] = (byte) Wert3;                 // 未使用
commandPacket[5] = (byte) Wert4;                 // ||
commandPacket[6] = (byte) Wert5;                 // ||
commandPacket[7] = (byte) Wert6;                 // ||

accessoryManager.write(commandPacket);           // 发送数据包
```

数据包一发送出去，安卓设备上的事件就终止了，可以通过触发按钮或微控制器数据到达事件，将其从后台重新调出来。

指令结构与配置结构

微控制器启动程序，一旦接入供电电压，用户就可以对接口板进行基本的初始化，此时，USB 接口处于待连接状态。

紧接着，设备在无限循环过程中会检验微控制器是否与安卓设备相连。如果微控制器与安卓设备未连接，就会检测 USB 连接的输入缓存区是否有连接指令。如果接收到指令，App 会自动连接微控制器，否则它会一直等到安卓设备与 App 的连接创建成功为止。

当连接创建成功时，设备可以通过以下指令进行检验，重新读取 USB 的输入缓存区，直到它检测到一条完整的指令为止。此时，系统需要区分应该执行哪一项指令，比如断开连接、配置模数转换器及集成电路总线，启用模数转换器或集成电路总线传感器的查询功能。

```c
// 接收到的8字节指令包
ACCESSORY_APP_PACKET* command_packet;

// 待发送的数据包缓存
ACCESSORY_APP_PACKET outgoing_packet_temp;

// 如果连接断开
BOOL need_to_disconnect_from_app;

switch(command_packet->type)                    // 确定指令类型
{
  case COMMAND_APP_DISCONNECT:                   // 断开连接
        need_to_disconnect_from_app = TRUE;
  break;

  case COMMAND_AD_WANDLER_CONFIG:                // 配置模数转换器
        ADWandlerConfig(command_packet->channel

  case COMMAND_AD_WANDLER_READ:                  // 查询模数转换器
        ADWandlerRead(&outgoing_packet_temp

  case COMMAND_I2C_CONFIG:                       // 配置集成电路总线
        I2CConfig(command_packet->channel
```

```
case COMMAND_I2C_READ:                    // 查询集成电路总线
     I2CRead(&outgoing_packet_temp

}
```

Disconnect() 函数可以断开安卓设备与微控制器的连接，重置程序。微控制器等待安卓设备重新创建连接的指令。

配置模数转换器需要用到 ADWandlerConfig() 函数。该函数可以用来设置转换器上相应的寄存器，为接下来的传感器调用做准备。理想的信道号可以作为输入参数来使用，因此端口要被设置成模拟输入端。

ADWandlerRead() 函数可以调取模数转换器。传输的信息包括对应的信道号、写入传感器数值的数据包以及发光二极管是否处于打开状态等信息。一般而言，光电晶体管的照明需要连接两个发光二极管。

数据包首先是临时文件，因为传感器数值要在传输前直接复制到目标传输包上。否则 USB 通信所需的后台指令会重写，扰乱传输数据。

从原理上看，I2CConfig() 和 I2CRead() 函数起到读取模数转换器的作用。I2CRead() 函数不会激活发光二极管，而是用来传输处于连接状态的传感器集成电路总线地址。

因为无符号字节（unsigned byte）类型数据只能在 $0 \sim 255$ 的数值范围内进行传输，但是由于分辨率为 10 位，因而模数转换器也能在 $0 \sim 1023$ 的数值范围内返回 10 位的无符号整数（unsigned integer），传感器数值在发送前必须被分配到 8 个更高位和更低位的字节中。

在调用传感器时，ADRead() 或 I2CRead() 函数可以将传感器数据发送到安卓设备上。在这个函数中，也传输临时数据包，其中包含了相应的指令和传感器数值。主循环在分配变量的指令下将这些数据传输到下一个循环。

```
NeedToSendCommand = TRUE; // 设置标记用来传输USB包
```

当传感器数值被发送到安卓设备且当前无其他传输进程时，以下数据包会被发送出去。

```
if(writeInProgress == FALSE && NeedToSendCommand == TRUE)
{
    // 将传感器数值复制到传输包
    USB_Paket_kopieren(&outgoing_packet &outgoing_packet_temp);

    // 发送数据
    errorCode = AndroidAppWrite(device_handle (BYTE*)&outgoing_packet 8);
    // 验错
    if(errorCode != USB_SUCCESS)
    {
        DEBUG_PrintString("Error trying to send value");
    }

    // 设系统状态为传输中
    writeInProgress = TRUE;

    // 暂停接收新的指令
    NeedToSendCommand = FALSE;
}
```

USB_Paket_kopieren() 函数能够将临时存储的传感器数值复制到需要传输的数据包上，这能确保设备实际传输的是正确的信息，而非保持 USB 通信所需的其他指令。在数据传输完成后，微控制器板会重新等待安卓设备发出新指令。

接收器结构

当微处理器成功将数据包通过 USB 接口发送出去时，安卓设备的 USB 驱动程序会弹出一个 Activity 窗口，这表明新的数据待接收。

接着，设备会检验是否接收到一个至少 8 字节的块。如果传输的字节较少，传输就不完整，数据就无法使用。然后，接收到的数据通过后续指令被复制到局部变量。

```
byte[] commandPacket = new byte[8]; // 保存接收数据的变量
```

```
// 检索数据

// 直到发现不完整的8字节为止
while(true)
{
    // 检验设备是否接收到完整的数据包
    if(accessoryManager.available() < 8){break;}

    // 将数据赋值给变量
    accessoryManager.read(commandPacket);

    // 分析数据
    KommandoEmpfangen(commandPacket);

}
```

你可以通过 KommandoEmpfangen() 函数从接收的数据包内容中确定系统该执行怎样的指令。

```
private void KommandoEmpfangen(byte commandPacket[]) // 数据包到达设备端
```

当获取的指令指向模数转换器时，其数值会被传至指定端口。在数据错误的情况下，显示屏上会出现提示。

```
if(commandPacket[0] == (byte)AD_WANDLER_READ)
{
    if(commandPacket[1] == (byte)Portanfrage)
    {
        WertEintragen(WertZusammensetzen(commandPacket));
    }
    else{// 显示错误信息}
}
else{// 显示错误信息}
```

如果所有数据都是正确的，被分配的传感器数值就会组成一个新的数值，通过换算方法和线性化方法转换后输出。这个函数的详细用法同样可以参见 7.2 节。传感器数值输出后，安卓事件中止，你也可以把它重新从后台调出来。

7

测量与控制

在第 4 章中，我们探讨了怎样使用脉冲开关打开和关闭设备，这一过程通常称为控制，其中需要用到发光二极管或继电器这样的执行器。当有数据输入到设备，但不需要其同时输出时，你可以用传感器来测量设备的输入值，这一过程称为测量。

输出值和输入值都能以数字的形式呈现，这意味着它们只有两种状态：就像继电器（开或关）或（位置）开关一样，要么处于闭合状态，要么处于开启状态。查询位置的开关就相当于一个传感器。

然而，人们大多把传感器看作一个检测物理量（如温度或亮度）的元件。模拟值需要转换成数字值才能进行再处理，而它的获取过程离不开模数转换器——将电压的模拟值转换成数字值。相应地，数字信号转换成模拟信号的过程则离不开数模转换器。

在第 5 章中，我们介绍了哪些传感器是智能手机或平板电脑的标配，但没有对信号处理进行探讨。然而，当你用到外置传感器时，信号处理是必须的。因此在这一章，我们主要探讨模拟信号处理以及怎样将它转换成数字信号。

7.1 模拟信号处理

一般而言，传感器可以分为模拟传感器和数字传感器两大类，这对设备所需的信号处理和编程过程有着巨大的影响。

模拟传感器产生的是一种测量值成比例的输出电压。其中比例系数不一定是线性的，可以更复杂一些。输出电压可以通过模数转换器来测量，在连接的微控制器上进行再处理，用于计算转换过程和线性化数值，这样我们就可以从模数转换器的比特值来确定实际的物理测量值了。

数字传感器可以直接发送数字测量结果，无须另外创建放大器电路和模数转换器来处理测量信号。传感器自行承担必要的电路增益、线性化和数据转换的工作，你可以通过 UART、SPI 或 I²C 等集成数字接口来接收这些测量值，这些接口从 6.2 节开始就已经详细介绍过。与模数转换器的编程过程相比，数字接口的编程过程更加复杂，然而，模拟传感器所在电路的损耗要远高于数字接口，这就是我们下文讨论的重点。

模拟传感器的输出电平应与模数转换器的输入电压范围相吻合。电压范围的利用率低会导致传感器值的分辨率受损，因为只有极少部分模数转换器量化阶距被充分利用。

如图 7-1 所示，右侧的转换器明显只有少部分的量化阶距在传感器范围内。分辨率和测量准确性极低，需要添加放大器电路（参见 7.1.4 节）。

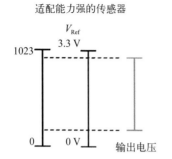
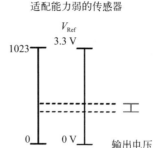

图 7-1 适配能力强和弱的传感器示例

7.1.1 分辨率

从根本上看，模拟信号处理电路的运行取决于输入信号的振幅和频率。也许需要在电路中添加一个放大器，它能够将输入信号提升到串联的模数转换器的电平动态范围。

模数转换器的分辨率通常用位数来表示，代表模拟信号的量化级数。分辨率越高，模拟信号的数字镜像越清晰。一个 8 位的转换器可得出的数值个数为 2^8，即 256 个值（0 ~ 255）；一个 16 位的转换器可以得出 65 536 个数值（如表 7-1 所示）。

量化级数总是处在特定的输入电压范围内。例如，当 Arduino 微控制器的电压为 0 V ~ 5 V 时，模数转换器的分辨率为 10 位，即 1024 个量化级数，每个量化级数的电压为 4.8 mV。一般而言，输入电压范围不仅可以是单向的，也可以是双向的，所以，在测量交流电压时，你也可能得到负的电压值，这时需要一个放大器电路，将正负输入电压范围调成正电压（电压为 0 V ~ 5 V）。这种放大器偏移电路的一个典型特征是，除了正电源电压外，它也需要负电源电压，所以你还需要一个与之相匹配的电压调节器，比如微芯科技开发的 TC7660，它基于电荷泵的工作原理，能够将正电源电压转换成负电源电压。

表 7-1 模数转换器的分辨率

分辨率 （用位来表示）	数值 个数	数值个数在 输入电压范 围内的占比	模拟数的电压 （输入电压为 0 V ~ 5 V, 有 ±2.5 V 的误差）	模拟数的电压 （输入电压为 0 V ~ 10 V, 有 ±5 V 的误差）
8	256	0.39%	19.5 mV	39 mV
10	1024	0.098%	4.8 mV	9.76 mV
12	4096	0.024%	1.22 mV	2.44 mV
16	65 536	0.0015%	0.0763 mV	0.1526 mV

一般而言，分辨率和与之相关的最低有效位（LSB）之间的关系如下：

$$最低有效位 = \frac{输入电压范围}{数值个数}$$

在满量程的 10 V 单向输入电压范围内，最大模拟值也可以用数字 10 V 来表示。一个 8 位的转换器用数字形式表示的最大值为 11111111，即数字 255。这就代表数值的个数。然而，由此得出的电压模拟值最大为：

$$10\,V - \frac{10\,V}{255} = 9.96\,V$$

在满量程的 5 V 输入电压范围下：

$$5\,V - \frac{5\,V}{255} = 4.98\,V$$

输入电压范围也不一定是 10 V 或 5 V 这样的整数。用数字表示的最大模拟值（Q_{max}）始终比输入电压范围的最大值少 1 个最低有效位。计算公式如下所示，其中 FS（满量程）= 输入电压范围的最大值，N 表示的是转换器的分辨率：

$$Q_{max} = FS - \frac{FS}{2^N - 1}$$

7.1.2 取样频率

模拟信号获取和转换的速度是一个重要的标准。测温或测压的传感器信号的转换过程比较缓慢，而与之相比，音频信号，尤其是视频信号对模拟信号转换速度的要求高得多。一般而言，生产商用 Hz、kHz 或 MHz 来表示取样频率。

模拟信号采用定期采样的方法。也就是说，模数转换器会在特定的时间点取样，形成一个个信号的样点，信号在每个采样过程中的振幅也会被记录下来。图 7-2 展示的就是这样一个过程。被取样的信号与最初的模拟信号形式相近，如果采样频率太高，取样点之间的信号变化就不明显。

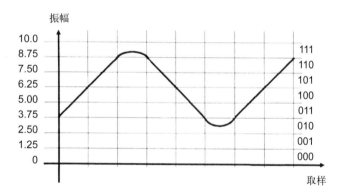

图 7-2 模数转换器会定期对模拟信号进行取样，得出的是一个阶梯形状的数字信号图。这里展示的是一个分辨率为 3 位的正弦信号图

经证实，如果模拟信号的取样频率太低，信号的细微变化就无法呈现出来，这部分数据就会丢失。为了避免这种情况的发生，你必须注意（香农的）采样定理。采样定理中明确表示，采样频率（f_a）至少应该比一个带宽受限的连续信号的最大频率（$f_{e\,max}$）高两倍，这样才能使样本在通过数模转换器输出时准确描述，不会出现信息丢失的问题。

采样定理：

$$f_a \geqslant 2 \cdot f_{e\max}$$

如果不能满足这个条件，转换过程就会出现错误，我们称这种现象为混叠。此时，假频信号会取代初始信号，它的频率要远低于初始信号。

生产商会用不同的参数来表示允许范围内的最大频率，如取样频率的数值、采样率、总采样率，或按照时钟频率和设置在不同区域的分辨率得出的转换时间等。当取样频率为 50 kHz 时，信号频率最高可达 25 kHz（基于采样定理）。如果生产商用总采样率来表示最大频率，这个数值还要除以可供使用的输入信道个数，这时通常要在模数转换器上串联接入一个多路复用器。如果模数转换器有 8 个信道，采样率为 50 kHz，那么输入频率最高仅为 3125 Hz。

7.1.3　匹配

你需要根据型号在模数转换器前面接入一些其他的电路元件，从根本上影响转换器的性能，使它更加完善。有时，还要另外在电路中添加保护电阻和 / 或二极管，避免输入级电压过载。

如果电路中的电压超出了模数转换器允许的输入电压范围，就需要在电路中创建一个带电阻的分压器。在选择电阻时，最好选择公差在 1% 以内的精确电阻（如金属膜电阻）。电路中至少需要两个串联电阻（如图 7-3 所示）。总电阻值等于两个电阻值之和，根据欧姆定律，电路中通过的电流的计算公式如下：

$$I = \frac{U}{R_{总}} = \frac{U}{R_1 + R_2}$$

R_2 处的分压电压的计算公式如下：

$$U_2 = I \cdot R_2$$

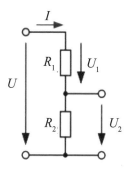

图 7-3 简单的分压器

根据这个原理，你可以创建对应电压级（1∶1、1∶10、1∶100）的分压器。如果分压器仅由两个电阻组成，即只需要一个电压级，则输出电压 U_a 的计算公式如下：

$$U_a = \frac{U}{R_{\text{总}}} \cdot R_a$$

在选择电阻时，应该尽可能选择高阻抗（MΩ）的电阻，因为只有电路中流经的电流尽可能小，才能避免对电源造成不必要的负荷。

你需要在测量设备中内置一个分压器，通过旋转开关转接电阻，从而确定输入电压的范围。图 7-4 展示了分压器的架构方式，其中用到 900 kΩ、90 kΩ 和 9 kΩ 的电阻。当然，在市面上很难买到这种电阻，标准电阻如 E 96 表示有 96 种不同的电阻值。

你可以在市面上找到一些特殊的电阻分压器，它们能根据电阻的排列组合对电压进行精确的划分。如图 7-4 右边所示，如果你想创建一个像这样运行快、性价比高的分压器，我推荐你选择一些标准电阻组成并联电路。对于两个电阻并联的电路来说，总电阻值的计算公式如下：

$$R_{总} = \frac{R_1 \cdot R_2}{R_1 + R_2}$$

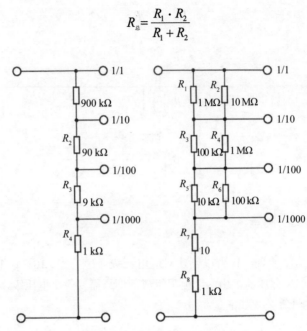

图 7-4 总电阻为 1 MΩ 的分压器。左边是带特殊电阻的分压器，右边是并联商业上常见标准电阻值的分压器

7.1.4 运算放大器

如前所述，放大器具有电路解耦和提高输入信号模拟值的功能，这是为了使转换器的输入电压范围（参见图 7-1）能够得到充分利用。当然，正确设置增益范围也能够影响转换过程的分辨率。例如，对电压为 1 V ~ 3 V 的传感器信号来说，应该选择的输入电压范围为 0 V ~ 5 V，而非 10 V 或 ±5 V，因为由此得出的数值个数和分辨率都会翻倍（见表 7-1）。

运算放大器几乎可以应用于模拟信号处理的所有领域（如图 7-5 所示）。运算放大器是一种具有增益显著、带宽大的理想电压放大器，以便将小型的模拟（传感器）信号提升到后接的模数转换器的水平。

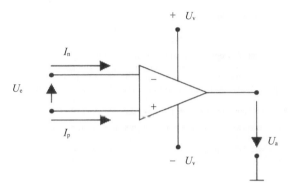

图 7-5 运算放大器的电路原理

运算放大器有一个反相输入端（−）和一个同相输入端（+）。输出端可以输出正负电压，根据型号的不同，运算放大器能够承受的负荷也不同。电源电压大多是呈对称分布的（$+U_v$ 和 $-U_v$），它决定了组件的控制范围。

运算放大器的种类繁多，从标准放大器（μA741）到特殊的零漂移放大器，再到特定参数经过优化的放大器，其中需要注意一些重要参数，这样才能找到合适的组件。表 7-2 是运算放大器的几个典型特征。

表 7-2 运算放大器参数一览

标准 / 类型	μA741	OP-07	LF356	MAX452
应用	标准	低失调	低 R_{in}	视频
输入电阻	2 MΩ	60 MΩ	1 TΩ	100 GΩ
开环增益	106 dB	114 dB	106 dB	48 dB
失调电压	6 mV	30 μV	2 mV	2 mV
失调漂移	15 μV/K	0.6 μV/K	12 μV/K	300 μV/K
输入电流	500 nA	0.4 nA	30 pA	10 pA
V=1 时的最大频率	1.5 MHz	0.6 MHz	4.5 MHz	50 MHz

（续）

标准 / 类型	μA741	OP-07	LF356	MAX452
压摆率	0.6 V/μs	0.3 V/μs	12 V/μs	300 V/μs
共模抑制比	90 dB	126 dB	100 dB	80 dB
输出电阻	75 Ω	60 Ω	30 Ω	75 Ω

运算放大器的增益可以用开环增益来表示，它在参数表上被称为开环电压增益（Open Loop Voltage Gain）。这个参数与未接通的运算放大器有关，且受限于电源电压。增益用 V/V 或 V/Mv 或分贝（dB）来表示。以 10 为底的对数（lg）即用分贝表示的电压比（a）的计算公式如下：

$$a = 20 \cdot \lg\left(\frac{U_1}{U_2}\right)d$$

用线性值进行反算的公式如下：

$$\frac{U_1}{U_2} = 10^{\frac{a}{20}}$$

在控制两个相同的直流电压输入端时，电压差为 0。同样地，输出端的电压值也为 0 V，但是，运算放大器在实际应用中并不是这样的。这种理想状况以共模抑制比（Common Mode Rejection Ratio，CMRR）为质量标准。

输入失调电压也称为输入偏移电压，表示当输入端的电压为 0 V 时运算放大器的输出端电压。为了补偿这个电压，很多放大器都设有专门的接口（Offset 引脚，见图 7-6），借助输出端的电位器将电压调成 0，这不是必选项，可以用在高精度应用中。偏移量取决于温度，用 μV / K 来表示。

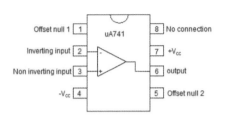

图 7-6　μA741 一般被认为是标配

　　运算放大器的输入级由一个差分放大器组成。性价比高的类型已具备 2 MΩ 及以上的输入电阻，运算放大器能够使输入电阻达到千兆欧姆及以上，它拥有基于场效应晶体管（FET）的差分放大器。输入电阻高导致输入电流变得非常小，电流值在法安到纳安范围内。

　　在某些应用中，运算放大器可能会发生振荡，因此一部分输出量反馈回输入端。为了避免这种情况，需要进行频率补偿。一些运算放大器为此设有专门的接口，与一个低通滤波器相接。输出电压跟随输入电压的流向，但较输入电压稍有延迟，此时的增益效果在很大程度上取决于运算放大器的频率。

　　压摆率（slew rate）表示运算放大器的输出电压对输入电压的转换速率，用 V/μ 来表示。运算放大器的外接电路，如频率补偿以及寄生电容或寄生电感，都对压摆率有巨大的影响。

　　表 7-2 对比了运算放大器的相关参数，它们是不同运算放大器的典型代表。在你挑选部件时，可以从这些具体的参数中获得宏观的了解。和其他部件一样，运算放大器也有各式各样的封装方式，其中双列直插式封装（DIP）也可以用来在面包板上快速搭建电路（参见第 3 章）。

　　如图 7-6 所示，μA741 一般被认为是标准类型，也许还是最为广泛的一种运算放大器。在某些应用中，失调电压越低越好，比如在热电偶元件电压的放大过程中。OP-07 运算放大器得出的数值就比较理想，很久以来，一直用于要求较低偏移值的应用中。

输入级中运用场效应晶体管的运算放大器（如 LF356）能够达到高阻值的输入电阻。输入电阻高对那些测量对象承受负荷较低（测量放大器）的应用来说至关重要。压摆率和最大处理频率是放大视频信号的重要标准。运算放大器的频率通常是参数表上增益为 1 时的值，被称为带宽。带宽和增益的乘积总是恒定不变的。

7.1.5 使用运算放大器的基本电路

根据不同的需求，可以用运算放大器创建许多不同类型的电路。图 7-7 展示了几种常用的基本电路。

反相放大器

在反相放大器电路中，输入电压与电阻 R_2/R_1 成反比，即用负号来表示放大关系。放大倍数（V）的基本计算公式如下 [1]：

$$V = \frac{输出电压}{输入电压} = \frac{U_a}{U_e} = -\frac{R_2}{R_1}$$

负号表示的是电路的反相行为。你不能把这里的电压单纯理解为直流电，而是一个同样适用于交流电和叠加电压的笼统定义。

电路的输入电阻计算如下：

$$R_e = \frac{U_e}{I_e} = \frac{U_e}{\dfrac{U_e - U_d}{R_1}}$$

介于运算放大器的两个输入端的电压 U_d 的理想值为 0。实际上，这个设想在很多情况下都适用，此时的输入电阻 $R_e = R_1$。

---

[1] 公式中的下标 a = Ausgangsspannung，即德语"输出电压"；e = Eingangsspannung，即德语"输入电压"。

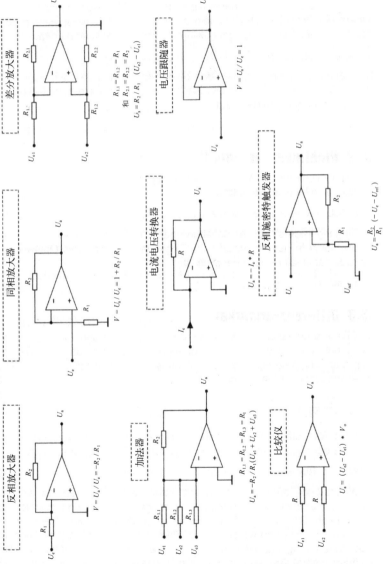

图 7-7 最重要的几种使用运算放大器的电路一览表

同相放大器

同相放大器成比例放大输入电压，计算公式如下：

$$V = \frac{U_a}{U_e} = \frac{R_2}{R_1} + R_2 = 1 + \frac{R_2}{R_1}$$

电路的输入电阻不取决于外接电阻，而仅仅由运算放大器的输入电阻决定，它的理想值为无穷大。

差分放大器

差分放大器放大了两个输入电压的差值，尤其适用于仪表放大器，因为从理论上看，它的共模输入电压理论上不会被放大。无论采用哪种类型的电阻，你都可以使用以下输出电压计算公式：

$$U_a = \frac{R_{2.2}}{R_{1.2} + R_{2.2}} \cdot \frac{R_{1.1} + R_{2.1}}{R_{1.1}} \cdot U_{e2} - \frac{R_{2.1}}{R_{1.1}} \times U_{e1}$$

当电阻 $R_{1.1}$ 等于 $R_{1.2}$（即 R_1），$R_{2.1}$ 和 $R_{2.2}$ 的电阻值也相同时（即 R_2），输出电压的计算公式如下：

$$U_a = \frac{R_2}{R_1}(U_{e2} - U_{e1})$$

电阻不能有太大的公差，因为它直接影响着（能够缩小）共模抑制比。输入电阻值约等于 $R_1 + R_2$。在高精度的应用中，电阻集成在芯片上，能够通过激光微调达到精确的适配。

加法器

加法器非常适合用作无反馈的加法放大器。反相输入端靠近接地电位（虚拟接地），因此输入电压之间不会互相影响。

输入电流取决于输入电压和电阻。这些流向求和点的输入电流被叠加在一起。输出电压的计算公式如下所示：

$$U_{a} = -R_{2} \cdot (\frac{U_{e1}}{R_{1.1}} + \frac{U_{e2}}{R_{1.2}} + \frac{U_{e3}}{R_{1.3}})$$

当加法器电阻的电阻值相同（R_{1}）时，输出电压的计算公式如下：

$$U_{a} = -\frac{R_{2}}{R_{1}} \cdot (U_{e1} + U_{e2} + U_{e3})$$

电压跟随器

电压跟随器的电路可以用作阻抗变换器，增益为1。输入端为高阻抗，输出电压跟随输入电压变化。这种类型的电路能使各个电路组件之间不会互相干扰。在实践中，通过阻抗变换器的耦合，电路组件的输出级避免受负载影响。

电流电压转换器

输入电流 I_{e} 可以通过负反馈电阻转换为成比例的输出电压 U_{a}，其中会发生反向过程。在这里，你也可以忽略运算放大器的输入电流。输出电压的计算公式如下：

$$U_{a} = -I_{e} \cdot R$$

比较仪

比较仪电路会将两个输入电压进行对比。如果两个电压之间存在差异，比较仪被接通，在这种情况下，你需要使用运算放大器（V_{0}）的总增益。

$$U_{a} = V_{0}(U_{e2} - U_{e1})$$

当 $U_{e2} > U_{e1}$ 时，输出电压接近正电源电压值。当 $U_{e2} < U_{e1}$ 时，输出电压接近负电源电压值。

当使用 LM311 这种特殊的比较仪时，输入电压和输出电压之间就能达到更好的动态关系。输入信号的细微变化会使输出电压发生翻转。为了能够确定这个翻转行为，你需要两个电路阈值。这样的电路称为施密特触发器。

施密特触发器

施密特触发器有两种电路类型，即正相电路和反相电路。两种类型的差异仅在于输入电压和基准电压连接的电路输入端不同。如图 7-7 所示，基准电压为 0 V，因为这个输入端与地线相接。开启电压和闭合电压的计算公式如下：

$$开启电压： U_{ea} = U_{a\,max} \cdot \frac{R_2}{R_1} + R_2$$

$$闭合电压： U_{aa} = U_{a\,min} \cdot \frac{R_2}{R_1} + R_2$$

然而，基准电压（U_{ref}）也可以位于这个输入端。此时，电路电压的计算公式如下：

$$开启电压： U_{ea} = U_{ref} + (U_{a\,max} - U_{ref}) \cdot \frac{R_2}{R_1} + R_2$$

$$闭合电压： U_{aa} = U_{ref} + (U_{a\,min} - U_{ref}) \cdot \frac{R_2}{R_1} + R_2$$

开启电压和闭合电压阈值之间的差异称为迟滞（U_h）。

$$U_h = (U_{a\,max} - U_{a\,min}) \cdot \frac{R_2}{R_1} + R_2$$

7.2 借助外接传感器测量

在第 5 章中，我们探讨了如何使用设备内置传感器。其中介绍的传感器类型有各自的功能，质量也各不相同，但都不能与工业传感器相匹敌。此外，由于是内部装配，因而它们的应用范围非常有限，例如，内置传感器只能测量设备内置的芯片温度，却无法测量环境温度、材料温度和液体温度。

实际上，作为单独部件，传感器有各式各样的物理尺寸。其中，选择传感器的第一个重要标准，是看模拟传感器或数字传感器是否有理想的量度和可行性。正如我们提到的，模拟传感器需要一个单独的信号处理电路，而数字传感器设有 I^2C 或 SPI 这样的标准接口，可以直接测量出数值。

在这一节中，我们借助微芯科技开发的配件开发启动工具包（参见 6.8 节），利用不同的传感器以及两个作为执行器的发光二极管进行编程。比如德州仪器开发的一台型号为 LM19 的模拟温度传感器和一台型号为 LM75 的数字温度传感器，以及欧司朗公司开发的型号为 BP103 的光电晶体管，它安装在两个发光二极管（型号为 LWM673）中间，用于电路测试和照明。

按照图 7-8 中的电路，两个模拟传感器的振幅已经足够大，可以利用集成在微控制器中模数转换器的动态电压范围（0 V ~ 3.3 V），因此在这种情况下，不需要另外进行信号处理。模数转换器（如图 7-8 所示）前接了一台多路复用器（MUX），这样它就能处理多达 16 个单独测量信道的信号了。所有部件都被组装在面包板上，插在微芯开发板的板面上，如图 7-9 所示。

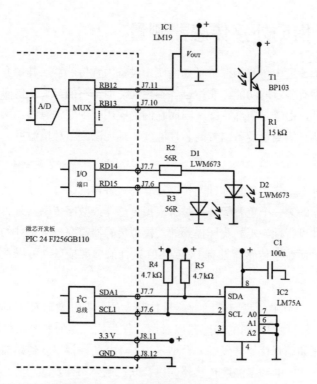

图 7-8 用于照明的带两个发光二极管的传感器电路

图 7-9 插入式的传感器电路板

在前面，我们已经通过代码示例讲解了基础通信的工作原理，而在这里，我们要探讨的是使用模数转换器来获取模拟传感器的数据，用集成电路总线来获取型号为 LM75 的温度传感器的数据，这个传感器在一定程度上是所有较简单的数字传感器的代表。

由于篇幅限制且为一目了然，在下文中我还是仅列举通信过程中最重要的程序代码部分。无论是使用内置传感器还是像这里探讨的使用外置传感器（如图 7-10 所示）的 App，你都可以下载完整版。

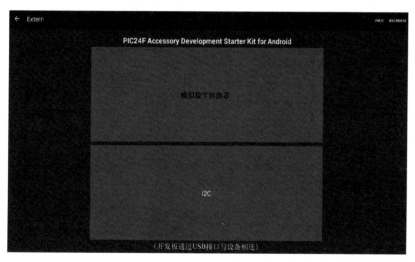

图 7-10 外置传感器的 App 首页

模数转换器和集成电路总线的界面布局几乎是相同的，两者可以从接口设置和传感器参数上加以区分。此外，集成电路总线的视图中还设置了所连接传感器的地址输入框。

7.2.1 模数转换器

在选择模数转换器时，你可以在打开的布局界面上挑选传感器组、型号和连接信道，同时实现一些建议方案和自动完成设置的选项。在选择传感器组时，系统会调取已经测试过的传感器清单来供你挑选。此外，你还要选择正确的数值单位。传感器的具体型号决定了线性化方法和换算方法。其中，每个传感器都需要将模数转换器的测量值转换成实际的测量值。最后，你需要选择传感器连接的信道。

安卓设备一旦通过 USB 与微控制器连接，在后台就会自动执行接口板的识别以及接下来的软件技术连接。如果连接未创建，查询功能也无法执行，初始化按钮处于锁定状态（图 7-11 中该按钮呈灰色）。

图 7-11　当未连接到开发板时，你就无法选择传感器

在启动初始化后，模数转换器开始进行配置。点击传感器设置选项做出相应调整，布局中添加了查询部分。在这里可以自动执行查询，根据设置好的时间自动查询传感器值并显示结果。对于一些无法自动查询的选项，你可以使用立即执行按钮进行查询。

选择自动查询后，立即执行按钮就变成了停止按钮。点击停止按钮可以锁定自动查询功能，然后再次更改传感器的选项来解锁。图 7-12 展示的是自动模式下，型号为 LM19 的温度传感器和型号为 BP103 的光电晶体管的显示界面，你可以看到光照反射率是用百分比来测量的，用连接的发光二极管来照明。

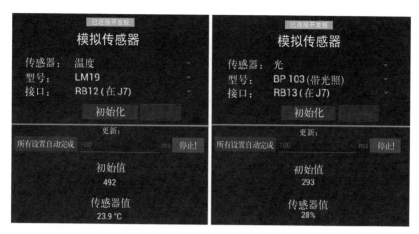

图 7-12 温度传感器和光电晶体管的数值显示

模数转换器实现两种功能，一种用于定义配置（如图 7-13 所示），另一种用于读取测量值（如图 7-14 所示，见后），这两种功能可以通过 USB 所连接的 App 中的相应指令来启用。

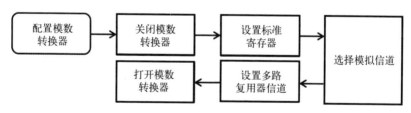

图 7-13 配置模数转换器

配置模数转换器需要用到 ADWandlerConfig() 函数。安卓设备一传达相应的指令，这个函数就会被调用。

```
static void ADWandlerConfig(BYTE Kanal, BYTE Wert) // 配置模数转换器
```

更改设置首先必须关闭模数转换器，因为只有这样才能保证更改生

效，无须等待其他的处理器时钟。紧接着就可以为模数转换器执行一些标准设置。

```
AD1CON1bits.ADON = 0;              // 为更改设置而关闭模数转换器

// 执行标准设置
AD1CON2bits.VCFG = 0x0;            // 基准电压为3.3 V
AD1CON3bits.ADCS = 0xFF;           // 模拟数字取样时钟
AD1CON1bits.SSRC = 0x0;            // 通过取样位启动和关闭指令
AD1CON3bits.SAMC = 0b10000;        // 自动取样
AD1CON1bits.FORM = 0b00;           // 返还无符号整数
AD1CON2bits.SMPI = 0x0;            // 转换一个数值，完成转换
```

因为输入输出引脚默认被设置为数字模式，所以，你必须将想要的信道配置成模拟接口，配置位设置为 0。

```
// 设置信道0：输出端被设置为模拟值
if(Kanal == COMMAND_AN_0){AD1PCFGLbits.PCFG0 = 0;}
```

正如我们提到的，模数转换器有一个前置多路复用器。它必须像接口一样接在正确的信道上，为此信道编号被写入相应的寄存器中。型号为 LM19 的温度传感器接在信道 1 处，型号为 BP103 的光电晶体管接在信道 2 处。

```
AD1CHS = Kanal;    // 将多路复用器接在适当的信道上
```

接着重新打开模数转换器，使更改后的设置信息被直接加载并执行。

```
AD1CON1bits.ADON = 1;       // 打开模数转换器
```

完成配置后，就可以从模数转换器上读取测量值了。如果你事先没有配置过，读取的将为错误值。为了避免这种情况发生，当你没有在安卓 App 上通过锁定按钮进行配置时，查询操作是被禁止的。

你可以使用函数 ADWandlerRead()（读取模数转换器）来查询被选择的模数转换器的信道，其中包含之前已经选择过的信道，然后开始取样过程。第二个输入值表示的是发送数据的结构。接着，向这个数据结构中写入传感器值，这样它就能在发送周期中被传输（如图 7-14 所示）。

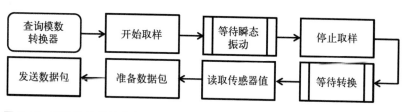

图 7-14 模数转换器的查询

接着，安卓设备会再传输一个数值，用于打开或关闭两个通过数字输入输出端口连接的 LED 灯以进行测量。这些用于照明光电晶体管可参见图 7-8。

```
// 查询模数转换器，传输LED变量
static void ADWandlerRead(ACCESSORY_APP_PACKET* outgoing_packet_temp,
        BYTE Kanal, BYTE Licht)
```

当安卓设备打开 LED 灯时，输入输出端口切换到输出端，相应地提供电压。

```
#define BP103_Licht_on(){LATDbits.LATD14 = 1; LATDbits.LATD15 = 1;}

if(Licht == COMMAND_AKTIV) // 当打开BP103处的灯时
{
        BP103_Licht_on(); // 开灯
        for(w.Val=0;w.Val<1000;w.Val++){Nop();} // 预置时钟振荡延时
}
```

将取样位设置为 1，就可以启动模数转换器了。在预设的延时（1000个处理器时钟频率）后，才能得到可转换的传感器值。将取样位设置为 0，取样停止，转换过程自动启用。转换结束后，模数转换器再将完成位设置为 1。

```
// 模数转换器周期
// 开始取样
AD1CON1bits.SAMP = 1;

// 等待1000个处理器时钟
for(w.Val=0;w.Val<1000;w.Val++){Nop();}

// 停止取样，开始转换
AD1CON1bits.SAMP = 0;

// 等待，直到转换完成 (通过DONE == 1来表示)
while(!AD1CON1bits.DONE);
```

然后，你可以从缓冲寄存器中读取转换后的传感器数值。

```
UINT16 Sensorwert;          // 模数转换器返回UInt16数值
Sensorwert = ADC1BUF0;      // 读取传感器值
```

紧接着，准备传输数据包和传感器值。正如我们在 6.8 节介绍的那样，传感器值必须被分解成 8 位。数据包的编码如下：

```
// 模数转换器启动
outgoing_packet_temp->type = (BYTE)COMMAND_AD_WANDLER_READ;

// 查询的信道
outgoing_packet_temp->channel = (BYTE)Kanal;

// 高位字节
outgoing_packet_temp->value0 = (Sensorwert & 0xFF00) >> 8;

// 低位字节
outgoing_packet_temp->value1 = (Sensorwert & 0x00FF);

NeedToSendCommand = TRUE; // 做标记，用来传输USB包
```

在数据接收完成后，安卓设备可以通过前两位字节来检验这些数据是否与要求的测量值相符。

7.2.2 数字传感器

理论上，集成电路总线界面的布局跟模数转换器的相似，并提供了存储的功能，你可以编辑传感器的类别、型号、接口和地址，可供使用的型号和地址也能够在这里自动补充完整。地址栏中可以显示连接中的传感器的物理地址，但是只允许显示数值为 2 ~ 254 的地址，因为最后一位需要规定读写指令。

在接收到新的测量值后，传感器会输出传感器值（如图 7-15 所示）。发送出去的数值也等于传感器值，因为数字传感器起着转换的作用。

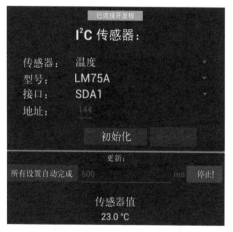

图 7-15 数字温度传感器的查询

集成电路总线的配置里有 I2CConfig() 函数。你可以通过输入参数确定对三个最大的可用集成电路总线接口中的哪个进行设置（如图 7-16 所示）。

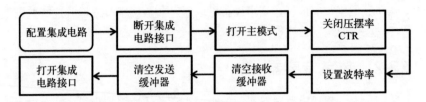

图 7-16 集成电路总线的配置

然而，在编程过程中，我们只考虑数字 1 和 2，因为数字 3 表示的是数字输出端，与一个 LED 指示灯相连。

```
static void I2CConfig(BYTE Kanal, BYTE Wert)          // 配置集成电路总线
```

传输总线编号，即 SDA1 或 SDA2 以及传感器地址。与模数转换器的操作模式一样，你首先要断开待配置的集成电路总线。接着让接口板在传输过程中担当主机的角色。传感器则为从机的角色，并对主机发出的指令进行反馈。控制压摆率的选项未被启用，并处于锁定状态。波特率被设定在 100 kHz，发送与接收缓冲器被清空。

```
BYTE temp = 0;

if(Kanal == COMMAND_SDA_1)
{
   // 断开集成电路接口，激活主模式
   // 锁定压摆率
   I2C1CON = 0x1200;

   // 将波特率设置为100 kHz
   I2C1BRG = 0x004f;

   temp = I2C1RCV;            // 清空读取缓冲器
   I2C1TRN = 0x0000;          // 清空发送缓冲器
   I2C1CON = 0x9200;          // 重新打开集成电路接口
}
```

再次打开集成电路接口时，你就可以查询连接中的传感器了。与模数转换器的原理相同，如果没有预设锁定按钮，传感器查询就会受到阻碍。图 7-17 展示了与型号为 LM75A 的温度传感器的通信过程，它的程序代码如下所示。

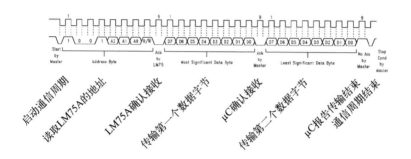

图 7-17　与 LM75A 通信的 I²C 通信周期

使用 I2CRead() 函数查询测量值。

```
static void I2CRead(ACCESSORY_APP_PACKET* outgoing_packet_temp, BYTE 信道,
        BYTE 地址) // 查询集成电路总线
```

与模数转换器的原理相同，设备会传输一个临时 USB 数据包，其中复制了传感器值、需要查询的集成电路总线以及连接的传感器地址。在安卓设备上，你可以利用 App 输入地址以及接口编号。

因为传感器传输的是两个 8 位的测量值，所以在数据传输前不需要拆分数值。两个部分的值可以直接写入数据包。通过设置 NeedToSendCommand 变量使主循环将测量值传输到安卓设备上。

```
unsigned char HighByte = 0;          // 传感器值中的高位字节
unsigned char LowByte = 0;           // 传感器值中的低位字节
```

```
// 查询测量值
// 数据传输
outgoing_packet_temp->type = (BYTE)COMMAND_I2C_READ; // 查询集成电路

outgoing_packet_temp->channel = (BYTE)Kanal;          // 查询到的信道
outgoing_packet_temp->value0 = HighByte;              // 高位字节
outgoing_packet_temp->value1 = LowByte;               // 低位字节

NeedToSendCommand = TRUE; // 为了传输USB包而做标记
```

7.3　音频接口的应用

正如研究连接模拟世界的传感器时提到的，模拟信号的处理和转换对智能手机或平板电脑的硬件提出了特殊的要求。从想要的测量值精度和分辨率来看，放大信号并通过模数转换器将它转化为数字形式非常耗时耗力。同理，模拟信号的输出过程，即数模转换器将系统内部的数字信号转换成模拟信号的过程，和放大模拟信号来控制执行器的过程都很费事。在实践中，模拟信号的输出操作不像输入操作那么常见，因为你需要用数字信号来控制发光二极管、继电器（通过它你几乎可以调节所有设备）或步进电机。

如果你仔细研究一下智能手机或平板电脑就会发现，它们通常有一个模拟输入 / 输出端、麦克风输入端、扬声器输出端以及两者共同用于传输信息的耳机接口（接口为一个插孔）。在插入插孔时，设备的内置麦克风和扬声器关闭。

设备型号不同，它们的运行机制也不同：要么就是插孔中有一个机械桥接电路或触点电路，在插入插孔时，电路处于打开状态，内部信号分离；要么就是电子部件在接口处检测特定电阻。第一种情况更简单一些，因为外部信号在一定程度上可以直接连接，当然，这种情况只有当信号处理在允许的电平范围内进行时才能实现，对此我们会在下文中进一步介绍。

第二种情况下，设备元件需要连接一个稳定的电阻值（在 kΩ 范围内），以供设备在插孔处输出或接收信号，这需要相应的电阻电路，后续我们也会对此进一步探讨。

正如我们在 1.4.3 节中提到的，这个插孔有各式各样的规格和信号分配方式。所以你要留心，插入的耳机是否与设备相匹配。因此，当通过这个端口输入或输出外部模拟信号时，你应该根据耳机的插孔单独购买插头。将插头插入耳机插孔后，你就可以确定设备是通过机械接通的插孔还是以固定电阻为基础运行的。

7.3.1 远程控制

传统的远程控制需要通过红外传输实现。然而，在无线局域网和蓝牙实现一体化之后，曾广泛应用于旧机型的红外数据传输方法就过时了。而像立体声设备、电视、蓝光播放器或照明设备（如受欢迎的 LED 模块或可裁剪的 LED 灯条），都配有对应的红外接收器，使用的是和发送器一样的传输协议。市面上有各式各样的编码标准，单单在娱乐家电行业就有好几种编码方法，比如飞利浦公司的 RC5、RC6 和 RECS80 编码，而索尼、日本电气和东芝的编码与它截然不同，这些编码都得到了广泛的应用。各个生产商一般都有自家设备指定的编码格式。

尽管数位表示形式、地址、字长和命令的编码构成各不相同，且还要与不同的红外脉冲形式相配合才能被使用，但能够轻松地与软件相匹配，并转换到相应的 App 中。生产商一般会自行开发这类 App，如三星开发的 Watchon 或 LG 开发的 Quick-Remote。在谷歌应用市场（如图 7-18 所示）中，搜索"红外远程控制"这个关键词几乎可以找到能应用到所有设备上的遥控 App，这些设备中也包括相机、空调或 LED。一些应用程序（比如 RCoid）列出了设备清单，或者针对特定设备进行了配置。此外，你还可以在互联网上找到几乎所有设备对应的红外线编码清单。

图 7-18 在谷歌应用市场可以找到各式各样的红外线远程控制应用

　　用平板电脑来进行远程控制非常实用，它能给用户带来一种舒适的操作体验。因此，如果平板电脑或智能手机没有红外发射器，那就是一件很遗憾的事。接收方的红外接收器能够轻而易举地用单个元件创建，比如使用 Arduino 或树莓派开源硬件平台。为了给一台智能手机或平板电脑装上红外发射器，你可以在配件商店挑选各式各样的拓展配件，将它们连接到 USB 或扩展坞端口上。

　　用两个红外二极管（950 nm）会更简单，性价比也更高，这些二极管被焊接在音频输出端的一个插孔上（如图 7-19 所示）。从这一点上我们能再次了解到，设备有不同类型的插孔，信号分配方式也不统一，因此你必须确定连接在发光二极管接口前的两个音频输出端触点性能是否良好，以免设备损坏。

　　你可以通过一个 App（比如 DSLR Remote、IrDroid 等）播放音频文件，以此让红外发光二极管（比如 LD 274-3 类型等）发送信号，并根据你想要的代码控制发光二极管。

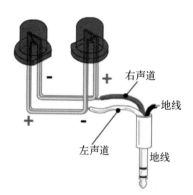

图 7-19 自己创建平板电脑和智能手机的红外线发射器

接通红外线二极管会对性能有一定的要求，因为并不是所有设备都可以通过音量最大化达到这个目的。此外，你还需要带电池的信号放大器，正如我们在红外线二极管项目的布线方案中看到的那样（如图 7-20 所示）。

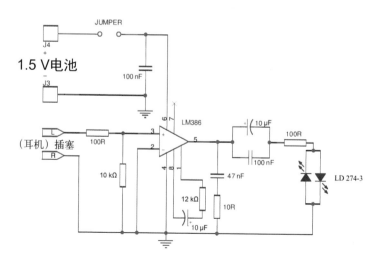

图 7-20 带音频信号放大器的红外线发射器

对接收设备的远程控制也可以采用无线局域网或蓝牙传输（这种情况较为少见）来取代红外线传输。几乎每家娱乐家电公司都开发了自己的 App，其中或多或少都有一些实用的附加功能，这些功能也适用于旧款的平板电脑和智能手机，使得它们获得新的功能，在这里我简单举几个例子。

三星公司的电视设备有对应的"智能电视遥控"App，其中有一些有趣的新增功能，如它能提供可配置的信道列表，安卓 2.2 及以上版本的设备均支持这个功能。LG 公司开发的"LG 电视摇控 2011"App 在安卓 3.x（蜂巢）及以上的版本中运行，电视内容可以通过该程序传输到移动设备上。自安卓 4.0.3 发布起，索尼公司的多屏遥控 App 就与很多 Bravia 模型、DVD 媒体播放器、蓝光媒体播放器以及网络媒体播放器结合使用了。

7.3.2 获取和输出信号

首先你需要选择一款合适的软件来接收信号，很多 App 都有录音或编辑音频的功能，除了录音和播放功能外，音频编辑软件还能对音频文件进行剪辑和匹配。

多年来，在个人计算机中应用比较广泛的是一款名为 Audacity 的音频处理软件，它几乎能满足音频信号处理方面的很多专业要求。安卓系统不支持这个软件，它采用的音频编辑软件有 WavePad、MixPad 或 Audio Evolution 等。

音频信号是否对内通过扬声器输出或对外通过耳机输出，对 WavePad 这样的音频编辑软件来说没多大区别，它们一般通过内置或外置的麦克风来接收音频信号（如图 7-21 所示）。

正如我们在 1.4.3 节中提到的，设备大多有一个四针的插孔用作耳机和麦克风的通用接口。你可以由此读取两种不同类型的信号（OMTP

和 CTIA），当然，在将信号线焊接到四针插头时，你需要注意是哪种信号。按照耳机接口标准（OMTP）进行引脚分配，插头上被压合在一起的触点不是地线，而是用来引导麦克风信号的。地线位于从插头头部起第三个触点，它也是两个输出信号的参考电位（如图 7-22 所示）。

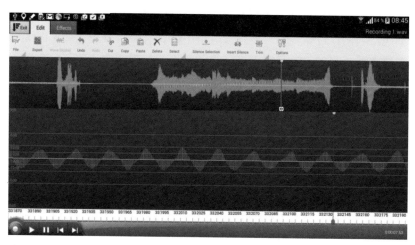

图 7-21　WavePad 是一款音频处理软件，可以接收、匹配和输出信号

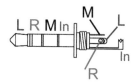

图 7-22　注意！在按照耳机接口标准布局时，地线信号（M）位于第三个触点，而非插头的接地标识处。此处是用来连接输入信号（In）的

　　音频输出端可以用作双信道（立体声）信号发生器，麦克风输入端可以用来获取模拟信号，比如用作示波器或 XT 记录仪。它的一个典型应用是接收正弦信号、方波信号或任意曲波信号，也可以直接通过音频编辑软件编辑信号，以此来测试高保真设备和自己的电路，这些信号可以通过智能手机或平板电脑传到设备上。

所以你可以在一台智能手机或平板电脑加上小型电路，借助常用的音频编辑软件创建一个方便的移动信号发生器以及一个双信道的数据采集设备，这对旧机型再利用意义重大。

在平板电脑或智能手机和外接设备之间，驱动器件（缓冲器、电压跟随器）对输出信号来说意义重大，其中需要用到运算放大器（参见 7.1.5 节）。对输入信号而言，电路中最好有一台分压器（见图 7-3）或放大器，当然，这最终由外围设备所需要的振幅来决定。运算放大器最好使用 3 V 的纽扣电池来供电。一台平板电脑可以通过 USB 接口连接 5 V 的电压。如果电路中只串接一个分压器，你当然就不需要独立的电源了。

对于市面上的设备，如果只有一个断电插头插入插座是不够的，这会使内置元件断路，建议你首先进行测试。电子部件最好在触点处外接一个固定电阻，使得信号（仅）是外部信号，不像常见的那样通过扬声器来输出。其中插头的两个触点（左声道和右声道，见图 7-22）不能互连，而是通过位于最前面的插头触点（左声道）处的电阻连接地线。正如我们之前提到的，一些设备上有五针的插头，多出来的触点被用作开关触点（内置／外置音频）。

输出端的电阻越小，振幅越小，在无负荷的条件下，音量的振幅最高约 1 V_{pp}（峰峰值）。如图 7-23 所示，选择一个 47 kΩ 的电阻比较实用。通过这个电阻的电压可以支持运算放大器进行下一步信号处理，而且不会给内置的设备电路造成过重的负荷。然而，为了不损害设备的电子驱动器，电阻值不能低于 10 Ω。此外，这也会增加设备的功耗。

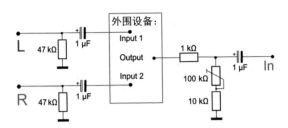

图 7-23 连接外围设备的接线

在将信号传输到麦克风输入端的过程中，你要特别留心，以防输入电路受损。一般对低电平信号而言，麦克风输入端（MIC）就是该信号的通用线路输入端，正如你从立体声设备上了解到的，当电平为 150 mV～770 mV 时，声音才不会失真。

根本上，麦克风的输入电压最大值取决于连接的（耳机里的）麦克风型号以及智能手机或平板电脑中相应的模拟电路。当然，信号发生器和示波器有助于确定允许的电压范围。然而，在接收信号时，你只需要看音频编辑软件上的电平读数即可。

实际上，麦克风的电平系数至少要比常见的音频信号少十分之一。安全起见，你最好选择一个带可调节电阻（电位器）的 100∶1 的分压器，在绝大多数情况下，它要能允许你进行相应的设置。当信号图形发生变形时，从正弦信号曲线上部的平缓态势可以看出接收的电平已经达到了最大值。

图 7-24 中展示的是一个按照耳机接口标准将插头接入一台三星 Galaxy Tab (GTN-8000) 型号的智能手机布线图，这里用一个 2.2 kΩ 的固定电阻代替了图 7-23 中的分压器（1 kΩ、10 kΩ 和 100 kΩ 的电位计）连接到麦克风输入端（In），从而使振幅为 10 mV～1 V。

图 7-24 一台采用耳机接口标准布局的平板电脑接线

　　你可以通过键盘或滑块键来设置内置扬声器以及立体声输出端的电平，但这对输入信号来说是不可能实现的。一方面，从原理上看，麦克风信号在振幅上有限制；另一方面，自动增益控制（AGC）电路可以自动设置录入的电平，所以你无法进行手动设置。在接收外界信号时（如图 7-25 所示），自动增益控制电路有时会令人感到惊讶，比如看起来小一些的输入电平竟然能变得和大一些的输入电平一样大，增益被自动放大。

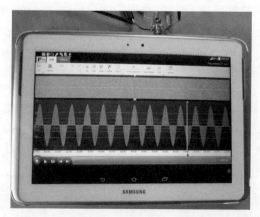

图 7-25 从振幅为 10 mV（峰峰值），频率为 1 kHz 的函数发生器上接收正弦输入信号

电子设备（尤其是输入信号的时候）不仅会因振幅过高受损，还会因误接入外围设备连接直流电而受损。因此，如图 7-23 和图 7-24 所示，在自己动手创建电路时，你最好在音频线路中接入一个电容器，确保只有交流电能够通过。

驻极体麦克风也可用作耳机，它需要一个约 1.5 V 的工作电压，电压由插座的触点引出；也就是说，通过它传输的模拟信号也有 +1.5 V 的失调电压。所以，在外接设备和智能手机之间的音频信号线中接入电容器意义重大。

作为通用直连的接线，只有地线信号能起作用，这可能引出很多问题，设备会持续地发出嗡嗡声，尤其当设备接入电源电压时，这会导致设备的接地电位时高时低。这是使用高保真技术时出现的一种常见现象，但是可以通过电源滤波器消除杂音。如果设备是通过电池驱动的，就不会发生这种问题。

7.3.3　音频接口处的微控制器

在之前的章节中，我们探讨了怎么用音频接口输入和输出模拟信号。不仅音频信号或单纯的正弦信号属于模拟信号，方波信号也可以通过音频接口进行处理，因为方波信号本质上是正弦信号的另一种表现形式，在电路过载时，它会自动转换成方波信号。因此，你也可以通过音频接口控制微控制器这样的数码外围设备，其中方波脉冲可以理解为数字信息 0。

密歇根大学早在 2010 年就已经启动了它们的 HiJack 项目，为此还开发了一个 App，它是一款通用的音频接口。所有常见的传感器和执行器都能连接到可编程的微控制器。

恩智浦公司在 HiJack 开发的基础上推出了 LPC812 微控制器（基于 Cortex M0+ 内核）的解决方案，它被称为 Quick-Jack（如图 7-26 所示），作为一款小型电路板（大约 3 cm × 5 cm），售价在 20 欧元左右。

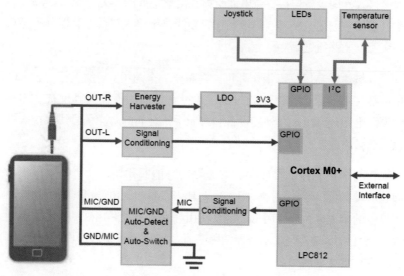

图 7-26 Quick-Jack 开发板的构造

正如我们之前提到的，3.5 mm 的插头有两种不同的引脚分配方法（OMTP 或 CTIA 标准），Quick-Jack 开发板也要考虑采用哪种引脚分配方法。从理论上看，Quick-Jack 板上有一条跳线，用户可以对其进行手动设置。但是，正如之前展示的，它的规格不够统一，不同生产商的产品并不一定能被归类到某一特定的规格。因此，电路中配有一个比较仪和一个电子开关，可以自动检测并正确进行设置。

智能手机或平板电脑和 Quick-Jack 开发板（如图 7-27 所示）之间的通信需要使用曼彻斯特编码，并利用左边的音频输出触点和音频输入触点（MIC），其中 1 和 0 的信息不是通过电平，而是根据从高到低的转换（边缘）进行检测，反之亦然。在 Quick-Jack 开发板上，模拟（正弦波）音频输出信号被分到比较仪上，它在数据传输过程中可以生成一个清晰的方波信号。

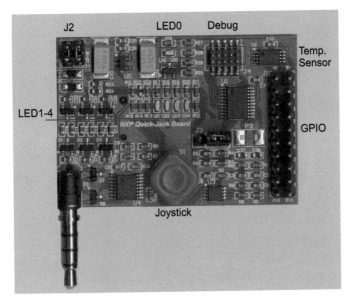

图 7-27 Quick-Jack 开发板

右侧的音频输出触点可以给开发板供电，它所在的 App 可以产生电压为 650 mV$_{pp}$ 的信号。在开发板上，可以通过电压倍增器电路（由无数个二极管和电容器组成，这里称为能量收集器）实现整流和放大功能，因此它可以使 3.3 V 稳压器（LDO）正常供电。

此外，用一个 3 V 的纽扣电池（CR 1220）就能使电路运行，电池位于电路板的背面。你可以通过跳线（J2）来选择电源，当有其他耗能的组件接入微控制器时，你需要用到纽扣电池。

在默认设置中，两个 JP2 跳线是插着的；也就是说，电路板供电既可以通过 App 加上电压倍增器（插入左边的跳线）实现，又可以通过电池（右侧的跳线）来实现。跳线 J3 可以插入左边的位置，这会导致音频信号（左边的信道）直接通过微控制器，而非比较仪，然而这不支持已安装固件的正常运行，因此这根跳线应该一直留在输出位置。

微控制器通过 I²C 总线与温度传感器（如恩智浦的 SE98）相连，并且通过端口线路与小型操纵杆和 5 个发光二极管相连。此外，还有一个 20 引脚的排针会通过微控制器的 10 个通用输入输出接线（加上地线和电源线 2 条接线），它们的作用是连接其他的组件。你可以通过调试接口（ARM SWD）对带 PLC-Link2 适配器的微控制器进行编程，调试接口有一个 10 引脚的插头。

在将开发板插入智能手机或平板电脑之前，你必须下载相应的 App，你可以在谷歌应用市场上找到恩智浦的 Quick-Jack App（如图 7-28 所示）。这个 App 由两个核心部分组成：发光二极管和传感器。发光二极管有三个可以开关的发光二极管（LED1 ~ LED3），首先你需要点击启动按钮，然后就可以通过滚动条来更改 LED4 的闪烁频率，并且会显示小型操纵杆的控制界面。设备一接入电路板，LED0 灯就会一直闪光，显示设备的工作电压。

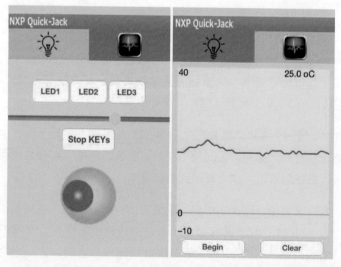

图 7-28 控制 LED 的演示程序、操纵杆活动的可视化效果以及测温界面

App 的传感器界面可以显示温度测量值和一段时间内的曲线变化图。App 和微控制器的源代码可以从恩智浦的网页上查到，其中也有 LPC812 微控制器的资料。

实际上，Quick-Jack 是一款友好但并不完美的产品。因为它的插头是直接焊接在电路板上的，插拔插头很容易出现危险情况，比如插座或插头松动，进而导致电路板松动或受到损坏。如果电路板在悬空的状态下受力时，操纵杆就很容易受损。

此外，Quick-Jack 并不适用于所有的智能手机或平板电脑，这大多是因为它与各个设备进行数据交换时，电平会出现不匹配受到干扰的情况，从而出现握手失败等报错信息。恩智浦公司建议，各个设备的输出音量始终处于最大值。然而，这种说法并不完全正确，因为你肯定会反复调节音乐的音量级，以保证通信正常。

8

智能家居与物联网

　　电子系统中有各式各样能够实现无线数据传输的无线通信系统。对系统的要求在根本上取决于你所需要的数据传输速率、网络拓扑结构、容许的功耗以及相应的应用。无线通信系统可以应用于办公通信、建筑、工厂、家庭自动化，以及健身和医药领域。自从物联网带来了全新的网络功能和应用以后，与之相匹配的无线技术发挥着至关重要的作用，它能将一切事物或设备纳入全球通信网络之中。

8.1 系统一览

与移动通信相比，近距离内（不超过 300 米）可以实现免费的无线连接。表 8-1 展示了近距离无线通信系统最重要的几项参数，以及典型的传输功率及其应用领域的最大数据传输率，这对近距离通信意义重大。表中列出的绝大多数系统都采用国际标准（IEEE、IEC、ITU），它们既能兼容不同生产商的设备单元，又能与更换后的组件相互兼容。

ZigBee 无线通信技术在工业领域尤其普及，它是一种工业标准，虽然它的数据传输速率较低，但是功耗较小。使用 ZigBee 无线通信技术的生产商有 300 多家，但是它们的应用方式各不相同，无法互相兼容。实际上，ZigBee 无线通信单元大多只能与同厂商生产的设备单元兼容，如果你想要实现设备互操作性，就不能将 ZigBee 无线通信技术作为标准。ZigBee Pro 2012 协议是 ZigBee 协议的升级版，它引入了"绿色能源"（Green Power）的概念。准确来说，ZigBee Green Power 是易能森（EnOcean）系统（参见下文）的竞争对手。第一台采用 ZigBee Green Power 无线技术的设备是无线开关，这点和易能森系统相同。

ANT 系统与蓝牙类似（采用 2.4 GHz 无线电波，跳频扩频编码，高斯频移键控调制），但是与蓝牙相比，它的无线协议运行方式更简单，它以数据包时隙交换技术为基础。最简单的 ANT 连接方式是采用单频单向的点对点连接。与智能蓝牙不同，根据使用的芯片类型，你可以选择不同的信道和网络拓扑结构。ANT+ 联盟旨在将 ANT 技术标准化并加以推广，很多体育用品和电子娱乐产品的生产商都是这个联盟的成员（如图 8-1 所示）。ANT+ 在 ANT 无线技术的基础上添加了指定配置文件，如自行车动力（Bicycle Power）、Geocache/GPS 或心率监测（Heart Rate Monitoring）等。

表 8-1　重要的近距离无线通信技术特征总览

特征参数	无线局域网	蓝牙	ZigBee/Pro 2012	低功耗蓝牙	ANT/ANT+	易能森	Z-Wave
标准	IEEE 802.11a/b/g/h	IEEE 802.15.1 蓝牙技术联盟	IEEE 802.15.4 ZigBee 联盟	IEEE 802.15.1 蓝牙技术联盟	ANT+ 联盟 (Dynastream)	ISO/IEC 1443 易能森联盟	ITU G9959 Z-Wave 联盟
频率	2.4 GHz 5 GHz	2.4 GHz	868 MHz 2.4 GHz	2.4 GHz	2.4 GHz	868 MHz	868 MHz
数据传输速率(最大)	11/54/135/600 Mbit/s	2 Mbit/s (增强速率)	0.25 Mbit/s	1 Mbit/s	250 kbit/s ~ 2 Mbit/s	125 kbit/s	9.6 kbit/s ~ 100kbit/s
功率(典型)	100 mW	2.5 mW (Class 2) 100 mW (Class 1)	1 mW ~ 10 mW	2.5 mW	2 mW	10 mW	3 mW ~ 25 mW
有效距离	100 m ~ 300 m	30 m (Class 2) 100 m (Class 1)	30 m ~ 100 m	10 m	10 m	30 m ~ 300 m	40 m ~ 150 m
编码/调制	直接扩频序列技术(DSSS)、正交频分复用技术(OFDM)/二进制相移键控技术(BPSK)、GPSK、正交振幅调制技术(QAM)	跳频扩频技术(FHSS)/高斯频移键控技术(GFSK)	直接扩频序列技术(DSSS)/二进制相移键控技术(BPSK)、正交相移键控技术(QPSK)	跳频扩频技术(FHSS)/高斯频移键控技术(GFSK)	跳频扩频技术(FHSS)/高斯频移键控技术(GFSK)	幅移键控技术(ASK)	频移键控技术(FSK)
备注	基于互联网协议	点对点分布式网络	低功耗无线局域网	与蓝牙不兼容	很多 ANT+ 配置文件	低功耗点对点、星形	无线网状网,基于特殊的片上系统
应用	移动通信,包含健康剖面法的医学技术	移动通信,运动、健身,家庭自动化	(能量采集、绿色能源)家庭自动化、传感器网络	移动通信,运动、健身,家庭自动化	运动、健身	能量采集、建筑技术、家庭自动化	家庭自动化、输入系统

图 8-1 ANT 无线技术首先应用于活动追踪器和智能手表上

　　慕尼黑易能森公司（EnOcean）的无线技术早已应用于家庭自动化领域，卓有成效的能量采集解决方案就是最好的证明。按压易能森的开关组件能产生很多能量（约 150 μW），这些能量足以使微控制器和 RF 接口将数据报文发给相应的收件人了（如图 8-2 所示）。例如，能量采集技术可以帮你打开顶灯或控制卷帘，开关不再需要安装接线，你可以把它放在室内的任意位置。作为这项专利技术的发明者，易能森公司推出了各式各样的模块和开发工具包，这也是易能森联盟成员生产和销售各种设备的基础。在基于节能型 8051 微控制器内核的模块中，也包括 Z-Wave 的片上系统在内，它们的协议栈在一定程度上是与固件集成在一起的，所以无线协议在运行过程中不再需要其他控制器了。

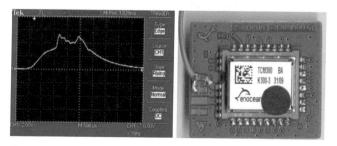

图 8-2 按压开关组件能够产生足以供微控制器和无线收发器（右图）执行易能森协议的能量

Z-Wave 无线技术是家庭自动化（智能家居）领域应用最为广泛的互操作性无线通信技术。人们最初对它的认识源于丹佛斯（Danfoss）公司生产的产品，后来，300 多家生产商也将这项技术应用到各式各样的家庭自动化产品或安全技术产品中，这些生产商都是 Z-Wave 联盟成员。Z-Wave 无线技术采用的是一种频率范围为 850 MHz ~ 950 MHz 的简单调制方法（频移键控技术）。在欧洲，这种无线通信技术的频率大多在 868 MHz。而在美国，这种无线通信技术的频率已经达到了 900 MHz 以上。每个 Z-Wave 设备都以专门的片上系统为基础（见图 8-3），这种片上系统是由西格玛设计公司（Sigma Designs）和一些品牌授权商提供的。一般而言，片上系统上也有协议软件和通信软件，它们是片上系统的固件。从理论上看，这些固件也可用于外接微控制器。如果没有品牌授权的片上系统，自主开发就无从谈起。

图 8-3 树莓派（Raspberry Pi）的 Z-Wave 扩展电路板也离不开专业的片上系统

与易能森系统相反，Z-Wave 系统会给发件人发送电文确认书，通知他们数据已经顺利到达收件人手上。如果你没有收到电文确认书，电文最多会重复发送三次。与 ZigBee 设备一样，Z-Wave 设备也能组成一个网状网络，从理论上看，它能扩展拓扑结构，还支持桥接功能，使 Z-Wave 网络能够相互连接在一起。

智能手机或平板电脑一般采用标准的无线局域网和蓝牙或低功耗蓝牙通信技术。下面我们来进一步了解一下这些系统。

表 8-1 中展示的其他系统都有自己特定的网关解决方案（路由器、桥接器），它们能实现无线局域网和 Z-Wave 设备之间的通信。其中安全机制起着至关重要的作用。设备一接入物联网，就需要启动保密和安全机制，划分网络的安全等级。

出于对典型风险的考量，在开发过程中，你必须确保设备能够按照实际规定安全运行。关于设备安全运行方面的规章和准则很多，它们都是行之有效且具有约束力的规定。

但信息安全问题层出不穷，即使你每天更新系统，也无法避免系统出现新的安全漏洞，设备未授权使用的情况时有发生。因此，应用更加广泛的本地网（如在家庭自动化领域）需要通过安全网关连接互联网（如图 8-4 所示）。

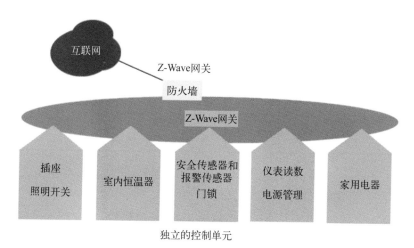

图 8-4　本地网（这里展示的是 Z-Wave 拓扑结构）可以通过安全网关参与到物联网中

8.2　无线局域网

无线局域网无所不在，实际上，所有平台都支持无线局域网。无论是对个人计算机还是对智能手机，WLAN 或者说 Wi-Fi 都是一项成熟的无线通信技术，它遵循 IEEE 802.11 协议中的各项标准（如表 8-2 所示），兼容性也极强。绝大多数设备的工作频段为 2.4 GHz，数据传输速率最高可达 54 Mbit/s。此外，还有两种针对 5 GHz 工作频段的 IEEE 802.11 标准（a 和 h），它的最大数据传输速率同样可达 54 Mbit/s。虽然这些标准现在不太常用，但是正是因为这样设备才能达到更好的性能。

表 8-2　各项 IEEE 802.11 标准中的最重要参数

标　　准	发布时间	频　带	最大数据传输速率	无线技术
IEEE 802.11	1997	2.4 GHz	2 Mbit/s	跳频扩频技术（FHSS）和直接扩频序列技术（DSSS）
IEEE 802.11a	1999	5 GHz	54 Mbit/s	正交频分复用技术（OFDM）
IEEE 802.11b	1999	2.4 GHz	11 Mbit/s	直接扩频序列技术（DSSS）
IEEE 802.11g	2003	2.4 GHz	54 Mbit/s	正交频分复用技术（OFDM）
IEEE 802.11h	2003	5 GHz	54 Mbit/s	正交频分复用技术（OFDM）
IEEE 802.11n	2009	2.4 GHz	600 Mbit/s	正交频分复用技术和多入多出技术（OFDM-MIMO）
IEEE 802.11ah	2016	< 1 GHz	18 Mbit/s	正交频分复用技术和多入多出技术（OFDM-MIMO）

本质上，你可以通过优化调制方法（OFDM）来提升数据传输速率。遵循 IEEE 802.11n 标准的模块采用多入多出技术。此时，数据信号被分配到好几个频道上，大多数情况下可以直接从设备上的天线数量看出这一点。此时，设备的传输速率为 135 Mbit/s ~ 600 Mbit/s，因此，IEEE 802.11n 标准可以向下兼容 IEEE 802.11b 标准和 IEEE 802.11g 标准。根据设备所支持的模式类型，功率更高的对接设备可以转而采用慢

一些的运行方式。

　　无线局域网有很多种架构方式，它们采用的技术鲜有差异，更多在于拓扑结构不同。架构无线局域网最简单的方法是使两个及以上的WLAN用户能够直接交换数据，这在计算机领域中被称为点对点连接，在无线网络中也被称为自组织网络。尤其在与 Wi-Fi 模块相关的领域（详见下文），这种运行方式也被称为 Wi-Fi 直连（如图 8-5 所示）。

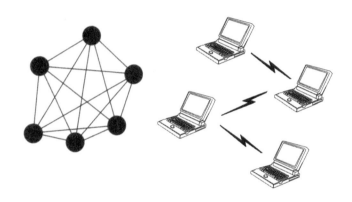

图 8-5　设备在点对点模式或 Wi-Fi 直连模式下直接进行通信

　　如果这些单个客户机或节点组成一个网状网络，每个节点至少要有一个相邻节点能够继续传递数据，则这种网络称为网状网络，英文为MESH。为此，你需要用到一个名为 Meshrouting 的软件，一旦网络节点出现失效、新增或者变动的情况，它就能匹配出数据继续传递到各个目的地的最佳路径。

　　对于有接入点（AP）的无线局域网来说，通信不是直接在节点之间进行的，而必须通过接入点，这种模式称为基础架构模式（如图 8-6所示）。通过一个或多个接入点可以将无线局域网客户端（移动设备）接入常见的局域网，也可以通过接入点连接独立的局域网。

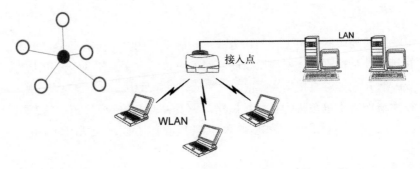

图 8-6 通过连接局域网（LAN）的接入点（基础架构模式）实现无线局域网（WLAN）的功能

8.2.1 创建无线局域网的客户端

因为无线局域网适配器首先是为达到高数据传输速率而设计的，所以它的功耗较高。至少乍一看，无线局域网的解决方案并不适合用来创建节能型设备，比如对传感器节点来说，你可以采用能量采集方案（太阳能电池、热交换器等）为它提供能量。

功耗只在一定条件下取决于设备采用的 IEEE 802.11 模式类型，因为高数据传输速率的标准可达到的最大传输功率明显低于低数据传输率的标准，这归根结底是由芯片的硬件决定的。从理论上看，数据传输速率越高，设备传输一定量的信息时功耗就越低。

Halow（遵循 IEEE 802.11ah 标准，如表 8-2 所示）是一种高节能型无线局域网。和其他新兴开发技术（LoRa、Sigfox）一样，它也是为物联网服务的。这种无线局域网的频段在 1 GHz 以下（在欧洲是 868 MHz），数据传输速率为 150 kbit/s ～ 18 Mbit/s。

从根本上说，所有无线节点的功率需求都取决于固件和自动写入的程序代码以及具体的应用，在绝大多数时间里，它们处于节能睡眠模式，只有在发送数据时才会被唤醒。

创建电路所需的组件来自很多公司，比如美信半导体公司（MAX2828/2829 芯片）或博通（BCM4360 芯片），它们开发的 Wi-Fi 收发器可以用作单芯片，因此，这种芯片的开发费用非常高昂。

简单一些的方法是使用已经组装好的 Wi-Fi 模块，它是由主机系统（如个人计算机、微控制器以及树莓派）通过一个串行接口（UART、SPI 和 I²C）来控制的。

这种类型的模块很多，它的供应商主要有微芯科技公司（MRF24WB0）、爱特梅尔公司（ATWINC1500）、H&D 无线通信公司（SPB105）、Sagrad 公司（SG901）、创力公司（xPico Wi-Fi）或矽递科技有限公司（WT8266）。它们有的将 Wi-Fi 和蓝牙集成在一个模块里，比如 Sagrad 公司推出的 SPB 209 模块；有的更方便，将网站服务器嵌在模块中运行，比如创力公司的 xPico Wi-Fi 模块，这样便于对模块进行配置和数据查询（如图 8-7 所示）。

图 8-7 图中分别是 H&D 无线通信公司、微芯科技公司（Mirochip）、矽递科技有限公司（Seeed Studio）和创力公司（Lantronix）的 Wi-Fi 模块

TCP/IP 协议的执行离不开高功率的微控制器，在现在的开发中，微控制器都是位于模块上的。在这种情况下，你买到这种模块的同时也得到了 TCP/IP 协议栈的许可证，它在控制器里被设计成固件，用户无法对此进行更改。你也可以将 Wi-Fi 收发器与自己的微控制器集成在一起，并购买相应的 TCP/IP 协议栈，但是如果组件数太多，这样做就不值得推荐，即使它是开源硬件的一种。

集成性的解决方案是将 Wi-Fi 收发器或蓝牙收发器与它们所需的微控制器放在一个封装里，对此我们会在 8.3.1 节进一步探讨。

Wi-Fi 模块也有相应的开发工具包以及附加硬件，比如带 USB 接口的适配板以及示例代码，这些都能简化你亲手创建应用程序开始阶段的工作。WSN802 模块是 RF Monolitics 公司开发的，这家公司后来被日本的村田公司收购。WSN802 模块易于操作，它能与自家的应用程序相匹配，且编程对它来说并不是必不可少的。WSN802 模块板总共有 30 个接口，它们在间距为 1.27 mm 的光栅里由两个插头牵引出来。模块连接一个天线、一个串行外设接口、两个 10 位模数转换器输入端、一个 16 位脉宽调制器输出端和四个数码输入输出端口（如图 8-8 所示）。

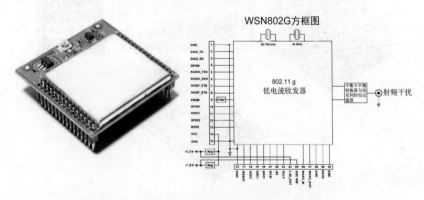

图 8-8　WSN802 模块有 30 多个外接插口可以连接外围电路

收发器最多可以支持 IEEE 802.11b 模式（11 Mbit/s），由于 IEEE 的标准化进程，它也可以用在更新版本的 IEEE 802.11 网络（g 和 n）中。当传输功率为 10 dBm 时，收发器在 3.6 V 的电源电压下所需的电流约为 200 mA，这与上文提到的 IEEE 802.11 模块相似，它的传输功率比 ZigBee 模块或其他低功耗模块要高 10 倍左右。在睡眠模式下，它仅需 7.5 μA 的电流，此时模块仍处于联网状态。

8.2.2 运行

WSN802 模块的开发工具包括所有必需的组件、模块配置软件以及试验测量软件，所以首次运行大多只需要短短几分钟。电路板上的两个通用输入输出端口与开关相连，两个模数转换器的输入端连接着一个电位器和一个温度传感器（如图 8-9 所示）。

图 8-9 WSN802 模块插在开发板上，便于配置和试验

模块的默认工作流程是，在可调节的时间间隔里从睡眠模式苏醒，读取所设定的输入端，将这些数据通过无线局域网发送出去，然后再自动开启睡眠模式。

除了评估板外，无线局域网的测试环境还需要接入点，环境会分配一个无线传感器网络名称、一个无线传感器网络密码以及加密方法（WPA/WPA2）到接入点。你可以用开发板连接局域网接口（RJ45）或USB接口或无线局域网来完成模块组态，此时，你需要运行电脑上的WSNConfig.exe程序。

如果你对三个无线局域网单元（模块、接入点、客户端）的网络数据都进行了相应的配置，这个模块就能自动连接无线局域网。它能够显示在WSNConfig.exe程序（如图8-11所示，见后）中，并且为进一步配置（如测量周期、睡眠模式）做好了准备。电位计、温度的测量值以及开关的电平值每20秒就会通过无线局域网以用户数据报协议包的形式传输到8255端口，这些数值可以通过WSNConfig.exe程序显示在客户端电脑上或者通过纯粹的可视化工具WSNApp.exe显示。

从根本上说，模块有两种不同的运行模式：一种是作为网络中的客户端，它将数据通过无线局域网发送到服务器（计算机）；另一种是模块本身在点对点的网络中扮演主机的角色。在非WLAN环境中，节点也能用作智能手机的主机。

当然，你需要注意的是，在点对点模式下，传感器节点无法节能运行。模块会优先尝试连接现有网络。如果连接不上，比如没有找到可匹配的无线局域网，模块会自动开启点对点模式，并且维持这个模式直到断连或重新启动。此外，模块无法从点对点模式切换到睡眠模式，因为无线局域网一旦断开，就无法再被激活了。

8.2.3 系统架构

生产商不可能预知，用户会更改控制器的程序，所以这个软件在一定程度上被看作无法更改的模块固件。一般情况下，你只能使用电脑程序 WSNConfig.exe 来配置模块，设置完成后，配置参数会在模块闪存中存档。

WSN802 模块以 GainSpan 公司的 GS1011 片上系统（102 个插脚，方形扁平无引脚封装）为基础。图 8-10 展示了片上系统的内部构造，它有两个内核为 ARM7 的中央处理器。一个中央处理器负责无线局域网的子系统，另一个作为网络处理器，用来连接外围接口（SPI、I^{2}C、UART、GPIO 等）。

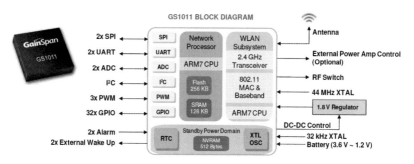

图 8-10　Gainspan 公司开发的 GS1101 片上系统包括两个内核为 ARM7 的中央处理器

8.2.4 配置

模块所需的供电电压为 3 V ~ 3.6 V。开发板（如图 8-9 所示）的供电电压为 9 V，开关稳压器（LM22671）能把这个电压转换成 3.3 V。正常情况下，模块在睡眠模式下消耗的电流最少（7.5 μA），你要仔细考虑何时和在哪个时间段激活模块来查询输入端或传感器，并将测量值通过无线局域网传输出去。

只要模块的 WAKE_IN-Pin 引脚处于高电平，它就处于激活状态。也就是说，只有当这个引脚处于低电平时，模块才会切换到睡眠模式。

此外，还有其他方法能够唤醒 WSN802 模块或者说使它保持激活状态，即通过软件（如图 8-11 所示）中的"Wireless"和"RFM MIB"配置选项进行模块设置。

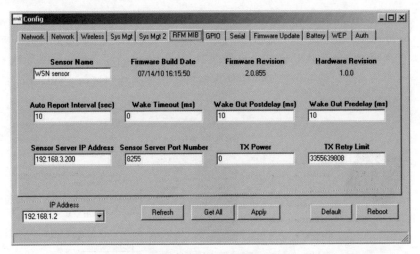

图 8-11　你可以对 WSN802 模块进行一系列的设置，其中 RFM 管理信息库（RFM MIB）对应用的意义十分重大。你可以在这里的发射功率（TX Power）选项下设置模块的最大输出功率（0 = 10 mW）

- 自动报告间隔（Auto Report Interval）：在达到设定的秒数后，模块会从睡眠状态切换到激活状态。
- 连接 Trap 请求发送间隔（LinkUp Trap Interval）：这个定时器的设置能让信号每 60 秒发送一次，以保持无线局域网的连接。根据 RFM 的规定，这个数值不能超过两分钟。与这里提到的其他定时器及其功能相比，这个定时器无法通过 WAKE_IN-Pin 引脚停止。

- 配置 Trap 请求发送间隔（Config Trap Interval）：当显示的时间间隔（一般为 10 秒）过去后，模块通过配置软件来执行配置指令。在基本的模块配置之后，如果没有或者仅有少数的配置需要更改，这个数值就会变高，比如变为一天几次。
- 唤醒超时（Wake Timeout）：这个数值决定了模块在设定毫秒内被唤醒后能维持激活状态等待相应指令的时间。
- 唤醒延迟（Wake Out Postdelay，Wake Out Predelay）：这两种延迟方式决定了模块被激活后唤醒接口的行为。这是通过设定激活电路前后的时间延迟的毫秒数来实现的。

一般而来，即使模块在接收串行字节或者通过无线局域网收发数据或者 WAKE_IN-Pin 引脚处于高电平时发现 IP 地址不对，模块仍处于激活状态，这在一定程度上与定时器设置无关。当模块处于激活状态时，WAKE_OUT 接口处始终输出高电平信号，以便对外置微控制器进行模块控制。

你可以通过"唤醒延迟"的选项设置延的毫秒数，以此来控制 WAKE_OUT 接口在模块激活前后一段时间内的电平，这个选项可以用在传感器或电源电压的初始化阶段和停止阶段。

8.3 蓝牙与低功耗蓝牙

蓝牙遵循 IEEE 802.15.1 标准，2014 年发布的低功耗蓝牙 4.2 是蓝牙的最新版。作为之前 4.1 版本的升级版，低功耗蓝牙 4.2 版本的运行速度更快，现在还能支持网际协议（IP）。2010 年发布的蓝牙 4.0 在节能运行方面取得了重大创新成果，因此它被称为低功耗蓝牙或智能蓝牙。

除了简单的点对点功能外，蓝牙标准还定义了一系列的服务协议（配置文件）。这是所有可访问的蓝牙应用能够独立于生产商之外的理论基础，其中包括设备相互识别的方式、蓝牙的功能及其使用方法等。

所有蓝牙单元必须至少能够支持通用访问配置文件（GAP）（低功耗蓝牙无法做到这一点），它具有检测设备、创建连接和建立安全机制等一些基本功能。初始蓝牙配置文件规范中总共有 13 种不同的配置文件，有时配置文件的数量可能比这个的两倍还要多。最简单的配置文件定义了虚拟串行端口配置文件（Serial Port Profile，SPP），除了常用的 COM 接口外，你也可以在计算机操作系统中使用这种串行端口，并用它来创建常规应用。

同属于一个无线蜂窝小区的蓝牙设备能够组成一个微微网，它支持点到点连接（对等网络）和点到多点连接（一主多从连接）。将智能手机与笔记本电脑相连就可以创建出最简单的微微网，其中可用带宽根据处于激活状态的蓝牙模块数量进行分配。

几个微微网组合或者叠加形成一个分布式网络，其中一个主机位于两个重叠的微微网上，从一个方向上看，主机也可以作为从机（如图 8-12 所示）。理论上来说，这种分布式网络也具备漫游功能，当然，这类解决方案不太常见，因为蓝牙与无线局域网的应用范围不同，蓝牙主要应用于近距离点对点通信。在同等条件下，蓝牙单元的有效距离更短。

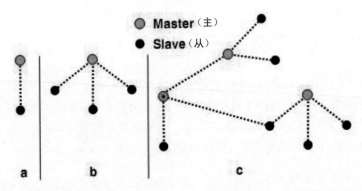

图 8-12 图中自左向右依次为采用简单的主从连接 (a)、一主多从连接 (b) 的微微网和由此组成的分布式网络 (c)

尽管**低功耗蓝牙**（BLE）与传统蓝牙使用的物理信道相同，但是它支持的最大数据传输速率仅为 1 Mbit/s，最长有效距离约为 10 m。在这里，单元也能组成一个微微网，与主机同步到一个节拍和一个跳频的模型。初始化连接的设备会自动变成主机。主机与从机相互交换是不可能的。

通信的运行方式很像常见的由主机设置的时隙。低功耗蓝牙旨在减少功率损耗，也能通过常见的纽扣电池（CR 3032）运行，但是与曾经的蓝牙标准相比，这会带来很多改变。蓝牙协议栈是低功耗蓝牙协议栈的升级版，它实际上是自主开发，一定程度上可以与现有的协议栈并行工作（如图 8-13 所示）。

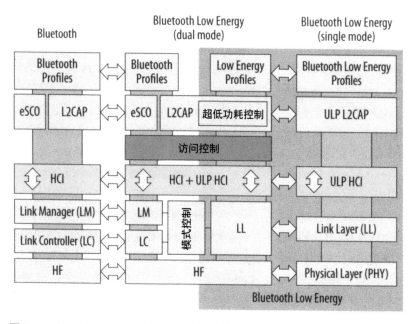

图 8-13　低功耗蓝牙的协议栈不同于传统的蓝牙协议栈，因此你只有通过双模芯片达到兼容

此外，低功耗蓝牙在物理层（比如以 40 个频道取代原先的 79 个频道）以及包格式方面也需要做出一些改变。这与最初的意图相悖，因为这样一来，低功耗蓝牙与传统蓝牙就无法互相兼容了。因此，传统的蓝牙设备无法与低功耗蓝牙单元创建连接，也就是说，两种设备无法相互识别。你只能通过传统芯片和低功耗蓝牙都支持的双模芯片来达到兼容。

适配器与模块

双模芯片首先被应用在笔记本电脑和平板电脑上，它于 2012 年末上市。与程序员或系统开发工程师不同，双模存在的问题对用户来说无足轻重，实际上只要访问设备支持蓝牙 4.0 即可。

现有的模块设计主要使用低功耗蓝牙，它适用于对兼容性、所使用的配置文件、最大功率和有效距离没有特殊要求的客户端。

在电子产品开发过程中，Wi-Fi 应用大多采用模块来代替单个芯片。模块有一个集成的蓝牙协议栈，它借助标准化的 AT 指令通过串行连接（通用异步收发器，串行外设接口）进行通信。很多生产商为此推出了一系列性价比很高的模块。因为编程技术只能应用于串行接口，开发者在一定程度上并不了解蓝牙的复杂性和它的整个射频过程，所以没有人开发蓝牙模块，Wi-Fi 模块也是同理。

图 8-14 中最左边是一种可插入电脑 USB 接口的传统蓝牙适配器，它旁边是微芯科技公司开发的模块，通过串联接口（通用异步收发器）与自家的电子设备连接。最右边是带 uBlox 公司集成天线的 Nina B112 模块，它遵循低功耗蓝牙 4.2 标准，有一个 ARM Cortex M4 集成处理器。这个模块是可编程的，因为它有通用输入输出接口、串行外设接口、I²C 接口、通用异步收发器接口以及集成模数转换器，可以灵活应用于自家的应用程序中。

图 8-14 蓝牙适配器：用来插入 USB 插口，它是带有 UART 接口和可编程的 ARM 控制器的模块

蓝牙或 Wi-Fi 解决方案常常看起来与设备遵循的基本标准格格不入，生产商竞相推出自己的解决方案，这些方案往往无法与其他生产商的设备兼容，也就是说，在浏览无线局域网或搜索蓝牙设备时，系统要么就无法识别设备，要么只能通过适配的应用程序识别设备。

出于安全考虑，这种运行方式意义重大，给各个本地网分别设置不同的访问权限毋庸置疑。虽然你对已确立的标准有信心，但是这样做可能无法达到预期的互操作性和与现有系统的兼容性。

如果你再仔细观察一下这类（不兼容的）解决方案，就会发现低功耗蓝牙或 Wi-Fi 具有兼容性，能满足各项基本传输协议，然而各个平台的连接方式是生产商指定的。也就是说，如果没有专业的、设备自带的软件，你是很难获取用户数据或其他相关数据的（如传感器数据）。栈相关部分或使用的库是封闭的，它封锁了自家应用程序所需的访问权限，比如生产商大多采用入门级（简单且性价比高）的开发板。

因此，你必须尽可能获得栈的使用许可或者大规模开发自己的软件。在购买前或者实际操作前，你常常无从得知软件明确的应用范围、软件开源和文档化的程度以及是否有自己创建软件可用的开发环境等信息。大多数时候，编程适配器是需要单独购买的，它比入门工具套件要贵得多。

这个公认的难题因为 RFduino 模块（www.RFduino.com）的出现而得到缓解，这个模块将基于 Cortex M0 内核的微控制器与低功耗蓝牙

4.0 收发器相结合（如图 8-15 所示）。起 Duino 这个名称不是没有理由的，因为微控制器是向外与 Arduino 开源硬件兼容的。因此，这个模块可以像常见的 Arduino 微控制器（可参见 6.6 节）一样，在所属的开发环境（Arduino IDE）中编程和与外围电路相连，它有 7 个通用输入输出接口。在编程过程中，你需要一个独立的可编程 USB 盾板，RFduino 板就插在盾板上。

图 8-15　RFduino 模块是一种带低功耗蓝牙 4.0 接口的压缩版 Arduino 开源硬件

插入式扩展模块的原理也适用于 RFduino 模块，它有一系列特殊的盾板（如液晶显示屏、按钮、SD 卡、电池、原板），它们能够相互叠加在一起，以便实现一个完整的应用。开源规则要求模块也要有相应的程序代码。你可以通过 RFduino 库的指令直接连接低功耗蓝牙无线接口并启用专门的盾板功能。此外，你可以选择各种安卓应用程序，通过低功耗蓝牙与模块进行通信（如图 8-16 所示）。

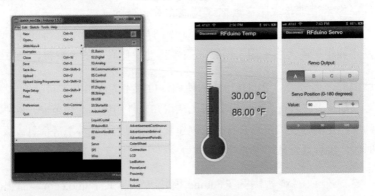

图 8-16　RFduino 有自己的 Arduino 开源硬件库和各种应用程序示例

RFduino 模块易于操作，尽管它有集成的蓝牙协议栈，但是在同等条件下，它的性价比还是很高的。因为它不仅可以用作盾板（Shields）插件，也可以分开购买再用于焊接。

8.4 智能家居

智能手机和平板电脑上一般都装有**智能蓝牙**，蓝牙自带一个小中枢和 WLAN 桥接器，以便可利用应用程序来控制各式各样的设备。目前，这是一个急速扩张的市场，产品五花八门，尤其是像远程控制开关和台灯这类家庭自动化（智能家居）产品。

从目的上看，虽然智能蓝牙在功耗方面比标准的嵌入式无线局域网更具优势，但是它最初并不是针对家庭自动化开发的。与 Z-Wave 无线通信技术相比，它的市场占有率要低得多，有效距离也太短。它所支持的设备类型大多是那些可以远程控制的设备，这些设备必须通过生产商指定的应用程序来控制。

如今，智能蓝牙在家庭自动化领域的应用主要针对的是单机解决方案，它还无法提供一个总体规划。这种情况可以通过扩展 Mesh 网络拓扑结构得到改善，这在即将发布的蓝牙标准（蓝牙 5）中有明文规定。Seed Labs 公司已经推出了涵盖这项功能的 Silvair 蓝牙网状网络解决方案。

原则上，上面提到的那些局限性（加上功耗较高的特点）同样也适用于那些通过无线局域网与智能手机进行通信的设备单元，比如 Nest Labs 公司的传感器和恒温器，这家公司被 Alphabet 集团收购，谷歌也是该集团中的一员（如图 8-17 所示）。这也适用于现有的苹果解决方案（苹果智能家居平台），它以无线局域网和智能蓝牙为依托。为此 iOS 系统也为 iPhone 和 iPad 提供了相应的支持，其中也包括 Siri 语音控制助手。

图 8-17　谷歌 Nest 提供了可以通过应用程序控制的室内恒温和烟雾探测器

　　不仅常见的无线局域网协议和蓝牙协议需要借助收发器来执行，而且节能型射频运行模式，比如之前提到的 ANT 无线通信技术或 6LoWPAN 协议（基于低功耗无线个域网的 IPv6 协议），也需要使用收发器，由此受限的低功耗网络也能实现互联网功能。选定射频方法后，你只需要采取另一种能够支持几种射频运行模式的固件执行方案即可。

　　与蓝牙相同，Thread 这样的无线嵌入式物联网也以 IEEE 802.15.1（第 1 层和第 2 层）标准为基础，它独立运行于传输层（第 3 层），用现有的各种射频芯片拓宽网络的应用范围。

　　Nest Labs 公司将 Thread 网络协议公布为 OpenThread，这个协议被当作家庭网络的标准来执行，因为目前智能家居没有统一的标准，而是有各式各样的解决方案，每种都需要各自对应的应用程序，相互之间无法集成为一体。

　　20 多年来，KNX 系统就已经作为智能（基于有线）联网系统被广泛应用于家居技术和建筑技术中了，它遵循 EN 50090 和 ISO/IEC 14543 标准。基于射频解决方案的系统连接可以通过相应的网关和路由器来实现，然而这也会导致架构的浪费和混乱，增加了操作难度和等待时间。

8.5　物联网平台

随着物联网的发展，不断有新的设备投入市场。这些联网设备最终统称为**物联网设备**，比如传统的个人计算机、建筑和工业自动化单元、智能手机、穿戴式设备、带蓝牙的牙刷（如欧乐 B Pro 7000 智能系列）或带无线局域网接口的咖啡机，比如奇堡（Tchibo）的 You-Rista 咖啡机。你可以通过安卓系统或 iOS 系统的应用程序挑选你最喜欢的咖啡配方，并通过 Qbo 商店里订购你需要的胶囊，接着在 Qbe 社区制作咖啡并通知咖啡机执行清洗程序（如图 8-18 所示）。

图 8-18　好喝吗？奇堡 Qbo 商店应用程序上提供的如方框中所示的咖啡

从根本上看，无论是这样的牙刷、咖啡机还是类似的设备都不是物联网应用，它们仅能实现物与物之间的通信，自动执行特定的指令。与发布指令的人类用户进行通信不是物联网的组成部分。

首先，与传统的模块解决方案（参见 8.3.1 节）相比，物联网开发平台的功能更为全面，然而实际上不是这么回事，你需要仔细研究一下系统（如上所述）。现在的发展趋势是将微控制器与低功耗蓝牙无线接口或 Wi-Fi 无线接口集成为一个片上系统，这是一个结构非常紧凑的解决方案（如图 8-19 所示）。

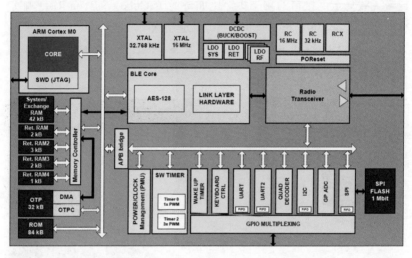

图 8-19 德商戴乐格半导体公司开发的片上系统 DA14583 将低功耗蓝牙接口与 Cortex M0 相结合

因为物联网连接了各式各样的设备，它既不是一个通用平台，也不是最佳的处理器或无线接口。几乎所有著名生产商的片上系统都有自己相应的开发系统。

在片上系统中，要么是在已有的射频芯片上添加可编程的中央处理器，博通、美满科技以及瑞昱半导体等公司就是这样做的。比如瑞昱半导体公司推出的 RTL 8711AF/AM 就是一款早已被人熟知的收发器，它与 Cortex M3 内核相结合。要么就是完全反过来，在现有的中央处理器上扩展射频芯片，飞思卡尔 / 恩智浦和德州仪器就是这样做的（如图 8-20 所示）。

图 8-20 RTL8762 可以用在远东地区的很多模块上

各个设备设计的侧重点不同，你需要更仔细一些观察才能知道设备的计算能力、功耗和安全性能如何。表 8-3 展示了各种集成设备，其中不包括独立的收发器或收发器与处理器相结合的设备，比如 STM 公司推出的 BlueNRG 无线网络处理器（采用低功耗蓝牙 4.0，基于 Cortex M0 内核）或芯科科技提供的 WGM110 模块（支持 Wi-Fi，基于 Cortex M4 内核）。

引人注目的是，表 8-3 中介绍的所有片上系统都有一个 ARM 内核，这始终是节能和安全机制的基础。运行安全相关的功能在 ARM 内核中并不是标配，比如给存储器提供**纠错码**的硬件技术支持，以及用来安全分离**可信代码**和**不可信代码**的信任区，生产商会选择性地将这些功能应用于片上系统，只有内核复杂的系统（Cortex A 内核）才会出现这种情况，对此你也可以找到详细的操作指南。

有时生产商提供的数据非常有限且不够全面。你无法对比不同生产商生产的设备之间的功耗（在睡眠模式下），因为不同供应商的产品名称和使用环境各不相同。然而，在电流低于 1 μA 的睡眠模式下（基于 Cortex M0 内核），设备的计算引擎的功耗通常可以忽略不计。

表 8-3 带各种集成无线接口的微控制器

生产商	型号	内核/时钟脉冲	接口	安全/说明	无线通信
爱特梅尔公司	SAM B11	Cortex M0 26 MHz	UART, SPI, I²C, ADC, PWM	AES-128, SHA-256	低功耗蓝牙 4.1
爱特梅尔公司	ATSAM R21	Cortex M0+ 48 MHz	USB, I²C, ADC	AES, 真随机数生成器	IEEE 802.15.4, ZigBee (2.4 GHz)
博通公司	BCM 43907	Cortex R4 320 MHz	UART, SPI, I²C, I²S, GPIO	音频设备	Wi-Fi (802.11 a/b/g/n)
德商戴乐格半导体	DA14583	Cortex M0 16 MHz	UART, SPI, I²C, GPIO	AES-128	低功耗蓝牙 4.1
美满科技	88MZ100	Cortex M3 64 MHz	UART, SPI, I²C, ADC, DAC	AES-128, 16 位 CRC 硬件	IEEE 802.15.4, ZigBee (2.4 GHz)
恩智浦半导体公司	QN902X	Cortex M0 32 MHz	UART, SPI, I²C, ADC, PWM, GPIO	AES-128 安全处理器	低功耗蓝牙 4.0
恩智浦半导体公司	KW31Z	Cortex M0+ 48 MHz	UART, SPI, I²C, ADC, DAC	AES-128, 真随机数生成器	IEEE 802.15.1, 低功耗蓝牙 4.2
芯科科技	EFR32BG BlueGecko	Cortex M4 40 MHz	UART, SPI, I²C, ADC, DAC, GPIO	AES-128/256, 采用 ECC, SHA-1、SHA-2 算法的硬件加密加速器	低功耗蓝牙 4.2
芯科科技	EFR32MG Mighty Gecko	Cortex M4 40 MHz	UART, SPI, I²C, ADC, DAC, GPIO	AES-128/256, 采用 ECC, SHA-1、SHA-2 算法的硬件加密加速器	低功耗蓝牙, ZigBee, Thread (2.4 GHz)
德州仪器	CC 3200	Cortex M4 80 MHz	UART, SPI, I²C, ADC, GPIO	AES-128/256	Wi-Fi (IEEE 802.11 b/g/n)
瑞昱半导体	RTL 8711 AF/AM	Cortex M3 40 MHz	UART, SPI, I²C, USB, SDIO, PWM	用于 Ameba 平台（与 Arduino 开源硬件平台兼容）	Wi-Fi (IEEE 802.11 a/b/g/n)
瑞昱半导体	RTL 8762AG	Cortex M0 52 MHz	UART, SPI, I²C, GPIO, ADC, IR	简单，价廉物美的低功率系统	低功耗蓝牙 4.2
联发科技	MT 6732	Cortex A53 1.5 GHz	UART, SPI, I²C, USB	用于四核安卓系统（智能手机）	4G/LTE, Wi-Fi (802.11n), 低功耗蓝牙 4.0, GPS

ULPBench 软件与一种标准化的能量控制软件相连，可确定与生产商和设备型号无关的低功耗系统（V_{cc} = 3 V，I_{max} = 28 mA）的功耗情况。所有有名的微控制器生产商都积极支持 ULPBench 软件，该软件支持特定计算模式和负荷模式（激活模式 / 睡眠模式）。当然，软件提供的功耗测试只涉及计算引擎，不涉及集成外围设备，集成外围设备在带蓝牙的物联网处理器上的功耗要比带无线接口的物联网处理器上多得多。

各种安全机制的基础［签名、认证、安全套接层（SSL）/ 测试源库（TSL）连接］组成了加密系统，它要求中央处理器具有很强的计算能力，因此表 8-3 中展示的所有微控制器的硬件中都有一个**加密引擎**或**安全加速器**，它把高级加密标准作为对称的加密系统，至少支持 128 位安全散列算法。

对系统开发新手来说，开发系统与相应的软件都可以在片上系统获得（如表 8-3 所示）。一旦考虑到互联网的云连接，开发者对系统实现物联网应用的要求更高。为了管理、分析联网设备并使它们建立在云端，你需要购买专门的开发环境，比如美国参数技术公司（PTC）开发的 ThingWorx 平台。

表 8-4 展示了各式各样的系统，从配置上看，它们所占的物联网细分市场各不相同。德商戴乐格半导体公司的 Smartbond 系统（如图 8-21 所示）和赛浦拉斯半导体公司的物联网设备包应用在简单的传感器系统上，如穿戴式设备，此外，它与**低功耗蓝牙**共同组成无线通信系统。

表 8-4　物联网的启动工具包和开发包

型　　号	生产商	片上系统 / 核	传感器	无线通信	软　　件
Smartbond 物联网传感器开发包： • 物联网适配器 • 适配板	德商戴乐格半导体	DA 14583 (Cortex M0)	压力、温度、湿度、加速度、磁场	低功耗蓝牙	• Smart Fusion • 安卓应用程序 • iOS 应用程序
太阳能物联网设备包： • 能量收集板 • 低能耗蓝牙 USB 桥接器 • 太阳能电池	赛普拉斯半导体	nRF51822 (Cortex M0)	温度、湿度	低功耗蓝牙	• 可编程片上系统生成器 • 物联网设备包软件
物联网传感器平台（RFID）： • 带液晶显示屏的主板 • Beagle Bone 板 • 无线板	安森美半导体	AM335x (Cortex A8)	白天的温度和湿度	Wi-Fi、Zigbee、Z-Wave	• Debian Linux 系统 • GCC 编译器、QT • GEVK 演示软件 • 阅读器应用程序接口
mangOH green 启动工具包： • 带 CF3 槽的主板 • 无线模块	司亚乐无线通信	Cortex A5	加速度、回转仪	3G、GPS/GNSS	• Legato Linux 系统 • Air Vantage 云端服务
可见物，企业物联网平台的边界： 传感器板 网关板	安富利－科汇	Cortex M0-NXP（传感器板） Cortex M7-STM（网关板）	温度、压力、湿度、亮度、声音、加速度	Wi-Fi、BLE、3G、Sigfox、LoRa	• 安卓应用程序 • iOS 应用程序 • 云端服务设备点

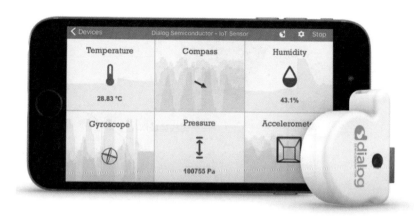

图 8-21　德商戴乐格半导体为 Smartbond-Dongle 开发了一款应用程序

工业领域的物联网应用采用安森美半导体公司和司亚乐无线通信公司开发的系统。**物联网传感器**平台由一个带液晶显示屏的主板组成，主板上插着各种通信模块。传感器平台也支持像串行外设接口（SPI）、通用异步收发器（UART）、I^{2}C、KNX 和 CAN 等接口。传感器连接采用无线射频识别技术（超高频无线电波的频率可达 860 MHz ~ 960 MHz），也就是说，传感器上贴有无电池的标签，它的电源装置和读取单元位于主板上。mangOH green **启动工具包**通过无线通信连接提供云支持（Air Vantage）。主板的标配是两个传感器和两个 CF3 槽，CF3 槽可以容纳不同的无线模块以及与 Arduino 相兼容的扩展槽。

目前，最全面的物联网解决方案是安富利－科汇（Avnet-Memec Silica）的"直观物件"（Visible Things）平台，它有三种不同的运行方式：一种是使用低功耗蓝牙的**智能传感器板**，它通过低功耗蓝牙与**网关板**进行通信；一种是通过 Wi-Fi 与路由器通信；还有一种是直接通过华为射频模块与云服务**设备点**（Spica Technologies）建立网络连接（如图 8-22 所示）。采用 iOS 系统和安卓系统的设备也可以通过相应的应用程序访问物联网"直观物件"平台。

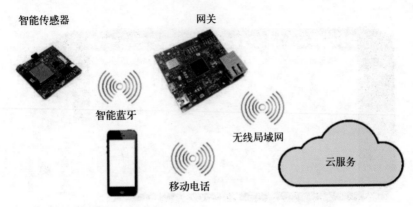

图 8-22 物联网套件 "直观物件" 平台为从传感器到云端的服务提供支持

　　其他两个包可以通过 Sigfox 或 LoRa 将传感器数据以无线电的形式发出。这两种无线系统都属于所谓的**低功耗广域网**（LPWAN），它能够修复无线移动通信网络和上述提到的短距离无线通信系统之间的技术漏洞，这对物联网应用的重要性与日剧增，在免许可频段下进行几公里内的无线通信时，这些无线系统还具备强大的建筑穿透力和低功耗的特性。此外，LoRa 无线技术（远程的）和 Sigfox 还能对尽可能多的设备进行寻址。Sigfox 或 LoRa 无线系统的工作频段都为 868 MHz，但是它们采用的技术和商业模式不同。LoRa 为构建私有网络提供了技术支持，为此各公司都竞相推出了与之适配的射频芯片，而 Sigfox 有物联网必备的无线电发射塔和服务器，使用时需要支付一定的费用。

技术改变世界 · 阅读塑造人生

爱上电子学：创客的趣味电子实验（第2版）

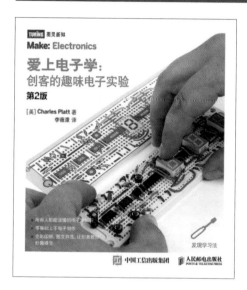

作者： Charles Platt
译者： 李薇濛
书号： 978-7-115-43686-3
定价： 99.00 元

　　本书由简到繁，呈现了一系列有趣的电子实验，从最简单的电阻一直讲到精巧复杂的单片机，引导读者探索各种电子元器件，以及它们背后的原理。本书实验方式新奇，实验现象有趣，原理讲解深入浅出，内容图文并茂，语言亲切流畅。读者可以在阅读的过程中轻松领略电子世界的神奇。

　　"通篇无处不能体会到作者的用心良苦，感受到作者的诚意和对电子制作的热爱。Charles是权威专家，但他的文字绝不机械，也不高高在上，就像邻家友人在真挚地邀请你体验他所热爱的事物，并真诚地希望你也能从中感受到他的喜悦。"

——天花板恶魔

　　"这本书棒极了，适合对电子学心怀好奇的人。作者带着你从最简单的实验做起，先"品尝"电的味道，用柠檬做电池，用电池点亮LED小灯，然后再接触稳压器、计时器、焊接、集成电路，还有编程。图表清晰、讲解详细，充满知识又妙趣横生，这本书一定能让你对电子学上瘾。"

——Wayne

Arduino+ 传感器：玩转电子制作

作者: [日] 藏下雅之
译者: 曾薇薇
书号: 978-7-115-48878-7
定价: 79.00 元

　　本书首先对Arduino的用法进行了简单的介绍；然后详细解说了电子制作的基础知识、各种传感器的用法、电子电路的搭建方法和Sketch等；接着介绍了将Arduino连接网络的两种方法：一是难度稍高的使用Arduino M0 Pro和ESP-WROOM-02的方法，二是更为方便的使用Web服务BaaS的方法；最后介绍了4个电子制作的具体例子。

- 从生活中的小烦恼出发，创建实用性强的简易智能家居装置。
    - a. 自制居家监控装置，有人入室立刻收到通知
    - b. 远程查看洗手间是否有人，省去等待烦恼
    - c. 自制"香蕉贼发现器"，一有动静立马知道
    - d. 手机监控室温，远程操控空调……
- 穿插大量插图、照片，详细介绍Arduino和11种电子元件的基础知识。
    开关/光传感器/温湿度传感器/距离传感器/焦电传感器/振动传感器/加速度传感器/压力传感器/弯曲传感器/DC电机/伺服电机
- 公开电子电路图和实物布线图，图文直观，清晰易懂。
- 公开完整的程序代码，代码可下载。

图灵教育

站在巨人的肩上

Standing on the Shoulders of Giants

TURING

图灵教育

站在巨人的肩上

Standing on the Shoulders of Giants